LA

PHYSIQUE MODERNE

Paris. — Imprimerie de E. MARTINET, rue Mignon, 2.

LA
PHYSIQUE MODERNE

ESSAI

SUR L'UNITÉ DES PHÉNOMÈNES NATURELS

PAR

ÉMILE SAIGEY

PARIS

GERMER BAILLIÈRE, LIBRAIRE-ÉDITEUR

Rue de l'École-de-Médecine, 17.

Londres | **New-York**
Hipp. Baillière, 219, Regent street. | Baillière brothers, 440, Broadway.

MADRID, C. BAILLY-BAILLIÈRE, PLAZA DEL PRINCIPE ALFONSO, 16.

1867

LA
PHYSIQUE MODERNE

ESSAI

SUR L'UNITÉ DES PHÉNOMÈNES NATURELS.

INTRODUCTION

L'équivalence de la chaleur et du travail mécanique est un fait connu maintenant de toutes les personnes qui s'intéressent au mouvement des sciences. De toutes parts, sous nos yeux, la chaleur se convertit en travail, et le travail en chaleur. Dans un moteur à vapeur par exemple, la chaleur dégagée par le charbon qui brûle se transforme en travail produit par l'arbre de la machine. Réciproquement, si l'on fait tourner une manivelle dans une masse d'eau, l'eau s'échauffe ; si l'on frotte deux blocs de glace l'un contre l'autre, la glace fond. Partout autour de nous, dans les usages de la vie, nous voyons une certaine quantité de chaleur disparaître en même temps qu'un certain travail est produit, et le résultat inverse nous est également connu par les faits les plus familiers. Si simple que nous paraisse cette notion, maintenant qu'elle nous est acquise et qu'elle est entrée dans nos idées courantes, elle est, sans contredit, la principale conquête de la physique moderne.

Les travaux de M. Joule, le physicien de Manchester, ceux de M. Jules-Robert Mayer, le médecin d'Heilbronn, ceux de M. Hirn, l'ingénieur de Colmar, après avoir fixé les termes de l'équivalence qui existe entre la chaleur et le travail mécanique, ont mis en pleine lumière le principe même et la raison de cette équivalence. On entend par travail le déplacement d'une masse : or la chaleur, on n'en doute plus maintenant, est un mouvement moléculaire, un déplacement de molécules ; n'est-il pas naturel dès lors que ces deux phénomènes se substituent l'un à l'autre suivant un rapport fixe, qu'entre ces deux espèces de mouvement il y ait une transformation facile, régie par les lois ordinaires de la mécanique ?

Du jour où cette notion nette, précise, a été introduite dans la science, toutes les parties de la physique se sont trouvées en quelque sorte renouvelées. Beaucoup de questions ont été directement éclairées par la théorie nouvelle ; sur beaucoup d'autres, elle a fourni des aperçus lumineux, suscité des recherches utiles. Autour des faits incontestables que l'étude de la chaleur venait de révéler, sont venus se grouper d'autres faits moins certains, puis des conjectures ingénieuses, et de ce mouvement d'idées est sortie une conception nouvelle de la nature, qui s'impose maintenant à beaucoup d'esprits.

C'est de cette nouvelle manière d'envisager les phénomènes naturels que nous voudrions nous occuper en ce moment, non sans éprouver d'abord quelque embarras à la définir. L'unité des forces physiques, telle est la formule générale sous laquelle on a coutume d'embrasser l'ensemble des considérations dont nous essayerons de donner un rapide aperçu. Dans l'ordre d'idées où nous entrons, toutes les forces de la nature se ramènent au même principe et se transforment l'une dans l'autre suivant des règles fixes, qui ne sont autres que les lois mêmes de la mécanique. Voilà, sous une forme grossière, l'énoncé général de la théorie nouvelle ; mais cet énoncé n'est accepté par les divers physiciens qu'avec des restrictions diverses ; ceux même qui sont à peu près d'accord sur le principe se divisent dès qu'il faut en tirer des conséquences au sujet de l'état de la matière et de la constitution du monde. C'est là un premier embarras que nous rencontrons. Nous n'avons pas la prétention d'exposer, sur des sujets si graves, un ensemble de vues qui nous soient personnelles, et d'autre part nous ne saurions

dire qu'il y ait entre les partisans de la théorie nouvelle un accord assez complet pour qu'un véritable
corps de doctrines ait été constitué.

Quand on veut étudier l'importante question de
l'équivalence de la chaleur et du travail mécanique,
on trouve sans peine des guides utiles. Il y a maintenant sur ce sujet des traités complets, et si l'on veut
en trouver les principaux éléments sous une forme
précise et substantielle, on peut recourir aux deux
excellentes leçons qu'a faites M. Verdet, peu de temps
avant qu'une mort prématurée vînt l'enlever à la
science. Ces deux leçons ont été publiées dans les
Mémoires de la Société chimique de Paris, sous le nom
d'*Exposé de la théorie mécanique* de la chaleur. En ce
qui concerne la nouvelle façon d'envisager l'ensemble
des forces physiques, on manque encore d'un semblable secours. Aussi le moment nous paraît-il oppor-
tun pour donner quelques contours définis à des idées
qui sont demeurées jusqu'ici indécises et flottantes.
Nous nous sommes essayé à ce travail dans quelques
études que la *Revue des deux mondes* a récemment publiées et qui forment les éléments de l'Essai que nous
présentons aujourd'hui au public. Nous serions heureux si cette tentative pouvait appeler de nouvelles
lumières sur la synthèse des phénomènes naturels, et
si notre essai pouvait hâter la publication de quelque
ouvrage important sur cette matière.

En 1864, le père Secchi, directeur de l'observatoire

du Collége romain, a publié un intéressant volume,
l'*Unità delle forze fisiche, saggio di filosofia naturale*. Le
père Secchi a adopté avec chaleur l'idée que les forces
physiques peuvent toutes être ramenées à un même
principe. L'étude des phénomènes astronomiques lui
a fourni les fondements mêmes de cette opinion. En
réfléchissant sur la force de gravité qui fait mouvoir
les corps célestes, il s'est habitué à ne pas la regarder
comme un principe élémentaire, mais à la rapporter
à une cause d'ordre plus général dont elle ne serait
qu'une conséquence. Son livre contient à ce sujet des
indications neuves et des vues originales. Toutefois ce
livre se présente surtout sous la forme d'un précis de
physique; il énonce ou rappelle sommairement tous
les faits qui constituent aujourd'hui le bilan de la
science; il n'aborde qu'accidentellement et par inter-
valles les généralités que suggère l'ensemble de ces
faits; on n'y trouve pas exposée en son entier une
théorie où les forces de la nature soient ramenées à
l'unité.

Nous pourrions citer encore un livre plus ancien,
celui que M. de Boucheporn a publié en 1853 sous le
titre de *Principe général de la philosophie naturelle*. C'est
un livre fait avec soin, avec amour, un de ces livres
où un homme condense les pensées de sa vie entière.
M. de Boucheporn entreprend avec hardiesse la synthèse des phénomènes physiques; il ne recule devant
aucune des difficultés de cette tâche; c'est de front
qu'il aborde tous les obstacles. Là est le mérite, là est

aussi le défaut de son œuvre. M. de Boucheporn s'attache trop vite et trop complétement à des explications hasardées. C'est merveille de voir comme une conjecture devient pour lui une certitude, dès qu'elle peut servir à rendre compte de quelques faits; c'est merveille aussi de voir comme les faits deviennent souples entre ses mains et comme ils se prêtent d'eux-mêmes aux démonstrations qui leur sont demandées. Ajoutons qu'à l'époque où M. de Boucheporn publiait le *Principe général de la philosophie naturelle*, la nouvelle théorie de la chaleur n'avait pas encore pris place définitivement dans la science; elle commençait seulement à se produire, on en mesurait mal les conséquences, et l'auteur, sans l'ignorer, n'en a tiré qu'un faible parti. Aussi son livre, qui reste encore plein d'intérêt dans ce qui touche à l'astronomie, a-t-il beaucoup perdu de sa valeur dans la partie où il traite des lois de la physique proprement dite.

Aussi bien, dès que l'on sort des faits nouvellement révélés par l'étude de la chaleur, la théorie générale que nous voulons développer ne peut plus guère se produire que sous forme hypothétique. On éprouve même, comme nous le disions tout à l'heure, une sérieuse difficulté quand on veut réduire à une définition précise cette nouvelle conception de la nature qu'ont fait naître les travaux modernes. Dans quels termes faut-il la présenter pour qu'elle ne paraisse pas téméraire aux uns, chimérique aux autres, inutile à beaucoup?

Dans quelles limites faut-il la maintenir pour qu'elle ne semble pas s'avancer au delà des faits?

Qu'on nous permette d'adopter le parti suivant, ce n'est pas le plus sage, mais c'est celui qui mettra le plus de clarté dans notre sujet.

Nous commencerons par exposer dans toute sa netteté, dans toute sa simplicité, cette hypothèse grandiose que nous venons de désigner sous le nom d'*unité des forces physiques*, et nous essayerons d'en montrer les conséquences immédiates ; nous le ferons d'abord sans nous préoccuper des preuves à apporter à l'appui d'une pareille opinion ; c'est ensuite seulement que nous nous efforcerons d'indiquer sur quels fondements l'hypothèse repose, et alors les atténuations, les restrictions, se présenteront d'elles-mêmes. Dans cet exposé des preuves, on verra facilement quelle part revient à l'expérience, quelle part à l'imagination, ce qu'on peut croire sans scrupule, ce dont il faut douter jusqu'à plus ample information.

Cette réserve générale que nous faisons dès l'abord nous permettra d'esquisser notre hypothèse dans toute sa vigueur, et nous serons ainsi dispensé de l'énerver, chemin faisant, par une série d'indications restrictives.

CHAPITRE PREMIER

L'HYPOTHÈSE GÉNÉRALE

I

L'atome et le mouvement. — Les phénomènes physiques sont ramenés à un principe unique et considérés comme des effets de mouvements.

C'est un fait incontesté maintenant et placé au-dessus de toute controverse, que la matière est dans l'univers en quantité immuable. Il ne s'en crée pas, il ne s'en détruit pas ; tout se réduit à des transformations. Les progrès que la chimie a faits au commencement de ce siècle ont mis cette vérité dans tout son éclat, et l'ont rendue en quelque sorte palpable.

Quelles sont d'ailleurs les propriétés de la matière ? L'impénétrabilité d'abord : c'est en quelque sorte une question de définition, une portion de matière étant ce qui occupe, à l'exclusion de toute autre, une partie de l'espace ; l'inertie ensuite, c'est là le résultat principal de l'expérience humaine et le fondement même de la mécanique : la matière n'entre en mouvement que quand elle est poussée, et ne perd son mouvement qu'en le communiquant. Du mouvement nous pouvons donc dire ce que nous disions à l'instant de la matière, il ne s'en crée pas, il ne s'en détruit pas ; la quantité en est immuable ; pour le mouvement, comme pour la matière, il n'y a que des transformations.

Ici la notion de force demande à s'introduire. Qu'est-ce qu'une force dans le langage de la physique ou de la mécanique ? C'est une cause de mouvement ; mais qu'est-ce à dire et que nous veut cette notion de force ? La cause d'un mouvement, c'est un autre mouvement. Nous nous passerons donc, s'il est possible, de cette notion de force, ou plutôt, car il faut bien pour se faire comprendre employer les mots usuels, nous entendrons par force ce qui fait qu'un mouvement donne lieu à un autre mouvement.

Si maintenant, sortant de ces considérations abstraites pour entrer dans le domaine des faits, nous demandons ce que sont les phénomènes physiques qui frappent habituellement nos sens, la chaleur, la lumière, l'électricité, le magnétisme, on nous démontre que la chaleur est un certain mode de mouvement, que la lumière en est un autre, on nous fait entrevoir qu'il en est de même de l'électricité et du magnétisme.

Il n'y a donc plus rien qui puisse nous étonner si l'un de ces mouvements engendre l'autre, si la chaleur se transforme en électricité, si l'électricité se transforme en lumière. Quand les rayons solaires pompent l'eau des fleuves ou des lacs, que des nuages se forment, que ces nuages se chargent d'électricité, que des éclairs sillonnent l'atmosphère, et que la vapeur d'eau retombe en pluie sur le sol, nous ne voyons sous ces apparences diverses qu'une série de mouvements qui se succèdent. Non-seulement nous retrouvons à la fin du phénomène toute la quantité d'eau qui y a figuré, mais notre esprit suit facilement les modifications multiples du mouvement initial. On comprend d'ailleurs que ces transformations doivent se faire suivant des rapports fixes : si l'on mesure les divers modes de mouvement au moyen d'unités déterminées, toutes ces unités ont un lien commun ; une calorie, c'est-à-dire une unité de chaleur, correspond toujours à 425 kilogrammètres (1), à 425 unités de travail mécanique ; il y a une relation analogue entre l'unité électrique et la calorie, et ainsi de suite.

Si nous abordons maintenant un autre ordre de faits, si nous considérons un autre groupe de forces, la cohésion qui maintient les corps, soit à l'état solide, soit à l'état liquide, l'affinité chimique qui rapproche

---

(1) Le kilogrammètre est, comme on sait, le travail que représente un kilogramme élevé à un mètre de hauteur.

les molécules d'espèces différentes, la gravité enfin en vertu de laquelle les corps tendent à se mouvoir les uns vers les autres, la théorie nouvelle nous montre encore ou nous fait entrevoir comment le jeu de toutes ces forces se réduit à des communications de mouvement. Voici, par exemple, un morceau de plomb dont les molécules adhèrent de manière à former un bloc solide. Je sais qu'en les chauffant, c'est-à-dire en leur communiquant une certaine sorte de mouvement, je détruirai la cohésion en vertu de laquelle ce bloc restait solide, et je l'amènerai à une cohésion différente, celle qui se rapporte à l'état liquide; en chauffant plus fort, c'est-à-dire en augmentant la dose du mouvement communiqué, je détruirai même encore cette espèce de cohésion, et je réduirai le métal en vapeur. Cela ne fait-il pas soupçonner que la cohésion qui maintenait les molécules du plomb était un mouvement relatif de ces molécules? Ce que nous détruisons par un mouvement devait être un mouvement. La cohésion, disonsnous, provient d'un mouvement relatif. Ne la voyonsnous pas, en certains cas, résulter simplement d'une vitesse commune imprimée à des molécules voisines? Quand une veine liquide, par exemple, s'échappe d'un orifice sous une forte pression, n'affecte-t-elle pas une forme solide et n'a-t-elle pas une sorte de cohésion qui résulte de ce que les molécules d'une même tranche cheminent parallèlement d'un pas égal? On ne prendra pas l'exemple familier que nous citons pour une démonstration des faits. En ce moment, nous ne cherchons pas à serrer de près les phénomènes ; nous nous efforçons seulement de montrer à quel point de vue se place la théorie nouvelle ; nous ne discutons pas ses énoncés, nous cherchons seulement à les faire entrevoir.

Quant à l'affinité chimique, nous pouvons n'en dire ici qu'un mot, car son action, sous beaucoup de rapports, est comparable à celle de la cohésion, et elle n'est pas non plus sans analogie avec celle de la gravité. Lorsque, dans certaines conditions, des molécules d'oxygène et de carbone se trouvent en présence, elles se précipitent les unes sur les autres comme font des corps graves, et quand elles se sont combinées pour former de l'oxyde de carbone ou de l'acide carbonique, l'état stable où elles sont entrées peut être comparé à celui des corps planétaires qui roulent les uns autour des autres.

Mais qu'est-ce alors que la gravité ? Qu'est-ce que cette force mystérieuse qui fait que deux corps s'attirent en proportion directe de leurs masses et en raison inverse de leur distance ? Deux corps s'attirent ! Alors la matière n'est donc point inerte ! Ne semble-t-il pas qu'il y ait vraiment contradiction entre ces deux termes, l'attraction et l'inertie ?

La question vaut qu'on s'y arrête et qu'on l'examine de près.

Voilà deux molécules matérielles. Est-ce une conception saine que de les imaginer comme partant d'elles-mêmes de l'état de repos pour se rapprocher l'une de l'autre? A la rigueur, je puis concevoir qu'il en soit ainsi, et si toutes les molécules matérielles s'attirent en vertu d'une force secrète qui réside en elles, je m'explique sans peine la formidable quantité de mouvement sans cesse répandue dans l'univers; mais encore une fois il faut dès lors que je renonce à dire que la matière est inerte, il faut que je dise, au contraire, qu'elle est active, puisque je reconnais qu'elle renferme un principe d'action. Nous sommes, en ce moment, en face d'une grosse difficulté, et l'on nous dira sans doute qu'on n'a pu vivre, depuis Newton, sans l'avoir résolue, qu'on n'a pu laisser à la base même de la science deux assertions contradictoires. En effet, les esprits habitués aux études scientifiques savent qu'il faut chercher en dehors des corps la cause par laquelle ils tendent les uns vers les autres; ils savent qu'en énonçant la loi de la gravitation universelle, on se place au point de vue des résultats et non au point de vue des causes, et qu'on veut dire seulement que les choses se passent comme si les corps s'attiraient en raison directe de leurs masses et en raison inverse de leur distance. Telle est la réserve qu'ont faite ou qu'ont dû faire plus ou moins explicitement tous les esprits sensés.

Et maintenant quelles lumières la théorie nouvelle va-t-elle nous fournir sur le principe de la gravité? Voici ce qu'elle répond. Une substance à laquelle on a donné le nom d'éther est répandue dans l'univers entier; elle enveloppe les corps et s'insinue

dans leurs interstices. L'existence de cette substance se déduit d'une série de preuves parmi lesquelles on peut citer en première ligne les phénomènes
lumineux. L'éther est composé d'atomes qui se choquent les uns les autres et qui choquent les corps voi-
sins. Il forme ainsi un milieu universel qui exerce une
pression incessante sur les molécules de la matière
ordinaire. La théorie nouvelle se rend compte des
réactions qui se produisent entre ces atomes éthérés
et les molécules matérielles ; elle constate que ces
réactions sont telles que les molécules matérielles doivent tendre les unes vers les autres, précisément dans
les conditions que fait d'ailleurs connaître la loi de la
gravité. Nous essayerons plus loin de donner une idée
de cette ingénieuse démonstration ; pour le moment,
nous laissons toutes preuves de côté et nous ne faisons
qu'énoncer des résultats. Tout le monde comprendra
l'importance de celui auquel nous venons d'arriver ; il
devient clair que les corps ne doivent pas leur gravité
à une force intrinsèque, mais à la pression du milieu
où ils sont plongés. Le mouvement des corps graves
ne nous apparaît plus que comme une transformation
des mouvements de l'éther, et la gravité rentre dès lors
pour nous dans cette unité majestueuse à laquelle nous
avons ramené toutes les forces physiques.

Ainsi chaleur, lumière, électricité, magnétisme,
cohésion, affinité chimique, gravité, tout se résout
pour nous dans l'idée de mouvement. Tous ces mou-

vements se transforment les uns dans les autres, suivant des rapports fixés dont quelques-uns sont connus, dont le plus grand nombre est encore à déterminer.

Voyons si l'idée de matière ne va pas dès lors se simplifier et s'éclaircir. A la base de notre système se trouve maintenant l'atome d'éther. Mais y a-t-il, — nous le supposions tout à l'heure pour nous faire mieux comprendre, — y a-t-il réellement un éther et une matière ordinaire, différente de l'éther par essence ? Y a-t-il, pour parler plus nettement, deux espèces de matière? Nous ne pouvons plus guère le concevoir, maintenant que tout se réduit pour nous à des mouvements. En quoi pourraient différer ces deux espèces de matière ? C'est donc que l'une ne serait pas soumise aux lois du mouvement de la même manière que l'autre ! Il y aurait donc deux mécaniques ! Eh ! non; de même qu'il n'y a qu'un code pour les mouvements, il ne peut y avoir qu'une seule essence pour la matière, et les molécules de matière ordinaire doivent nous apparaître comme des agrégats d'atomes éthérés. C'est sous cette forme que nous nous représenterons les molécules élémentaires des corps simples, du fer, du plomb, de l'oxygène, du carbone. Les molécules de ces corps ne diffèrent pas dans leur substance, mais diffèrent seulement dans l'arrangement intérieur des atomes éthérés qui les composent.

Est-ce parce que le fer, le plomb, l'oxygène, le carbone, s'engagent chimiquement dans des combinaisons différentes que nous soupçonnerions en eux quelque différence substantielle? Sur quoi porterait cette différence, puisque l'affinité chimique elle-même n'éveille plus en nous que l'idée de mouvement?

II

Du rôle que joue dans la science l'hypothèse de l'unité des phénomènes naturels.

Au point où nous sommes arrivés, on peut considérer, dans son ensemble, l'hypothèse dont nous venons
de tracer les traits principaux. Si on l'admet dans toute
sa rigueur, les phénomènes naturels se présentent sous
un aspect si simple que l'esprit en est émerveillé et
comme effrayé. Le monde physique est composé d'a-
tomes d'une seule espèce. En vertu du mouvement
qu'ils ont reçu et qu'ils se communiquent les uns aux
autres, ces atomes se groupent et s'enlacent de manière
à former les molécules simples, les molécules composées, les corps gazeux, liquides ou solides. C'est à une

même cause, c'est à des mouvements reçus et transformés qu'il faut attribuer, dans l'ordre des infiniment petits, les agrégations moléculaires, et, dans l'ordre des infiniment grands, la gravitation des corps célestes. Tel mouvement d'une nature déterminée, qui se continue dans l'intérieur des corps ou en dehors d'eux, constitue le phénomène connu sous le nom de chaleur ; tel mouvement, de nature toute spéciale, constitue la lumière ; tel autre l'électricité, et ainsi de suite.

L'atome et le mouvement, voilà l'univers !

Sur cette base, le mathématicien pourra établir ses calculs. En appliquant ses équations à un milieu composé d'atomes uniformes, en cherchant tous les mouvements qui peuvent se produire et toutes les combinaisons qui peuvent naître de ces mouvements, il retrouvera les phénomènes connus de la physique, les lois de la circulation planétaire, celles de la propagation du son, celles des ondulations lumineuses. Engagé dans cette voie, fort des analogies qu'une pareille étude lui suggérera, il déterminera, à côté des mouvements déjà connus, les mouvements qui semblent probables. Il y retrouvera sans doute les lois déjà étudiées de la matière ; il y trouvera peut-être des propriétés sur lesquelles l'attention des hommes ne s'est pas encore portée. Combien de lois importantes règnent ainsi autour de nous sans que nous nous en doutions ! Combien de temps les hommes ont-ils vécu sans soupçonner les phénomènes électriques dont l'action les enveloppait ! Quelles révélations inattendues peuvent surgir de cette étude de la nature faîte à un point de vue nouveau!

Mais ne parlons que des obscurités qu'elle a déjà dissipées, et laissons à l'avenir le soin de justifier les espérances que fait naître l'hypothèse nouvelle. Par la liaison qu'elle établit entre tous les phénomènes naturels, elle habitue notre esprit à chercher dans chaque fait, à travers les transformations qui nous abusaient autrefois, son origine immédiate et sa conséquence immédiate. Quand nous voyons une machine à vapeur élever un poids ou vaincre une résistance, nous pensons tout de suite au charbon qui brûle dans le foyer et dont la combustion produit le travail de la machine. Mais ce charbon lui-même, où prend-il cette force que nous savons utiliser? C'est qu'il est le produit d'un long travail solaire, accumulé dans des végétaux fossiles. Ainsi tous les faits sont pour nous ramenés à une sorte de mesure commune, et nous nous habituons à chercher toujours une juste proportion entre chaque cause et chaque effet.

Veut-on, pour donner une forme familière à notre pensée, que nous citions une anecdote? Nous l'emprunterons au père Secchi, qui la raconte dans son livre de l'*Unité des forces physiques*. Il y avait, en 1855, à l'exposition universelle de Paris, une cloche immense d'un poids énorme; elle était soutenue par un système de supports si ingénieux qu'un seul homme suffisait à la maintenir en mouvement; seulement on en avait supprimé le battant, par égard sans doute pour les oreilles des visiteurs. L'homme qui montrait la cloche lui im-

primait d'amples oscillations, et les passants admi-
raient la facilité avec laquelle il faisait mouvoir ce
formidable engin. Un ecclésiastique, homme instruit
et spirituel, — on peut soupçonner que c'était le père
Secchi lui-même, — s'approcha du démonstrateur et
lui dit : « Votre système de supports est fort bien
combiné, il vous permet de remuer cette grande masse
avec une extrême facilité ; mais en serait-il de même
si la cloche avait son battant et si elle sonnait ? » Les
assistants ne comprirent pas sans doute la pensée du
malin ecclésiastique. C'est qu'en effet, si la cloche avait
dû rendre des sons, c'est-à-dire ébranler l'air fortement, il eût fallu, bon gré, mal gré, trouver la force
nécessaire pour produire un pareil ébranlement. Si
parfait qu'eût été le mécanisme du support, cette force
eût dû être empruntée au bras qui tirait la corde.
Quand une cloche vibre, c'est l'effort du sonneur qui
se convertit en son. Supprimer le battant, c'est-à-dire
le son, c'était rendre la tâche facile au sonneur.

Tant vaut la cause, tant vaut l'effet. Tel est le point
de vue où nous nous trouverons sans cesse placé quand
nous essayerons, dans un instant, de rappeler brièvement les faits principaux sur lesquels repose l'idée de
l'unité des forces physiques. Avant d'entrer dans cet
examen, nous voulons encore répondre à deux questions qui se présentent d'elles-mêmes au sujet de l'hypothèse que nous développons.

Cette hypothèse est-elle utile ?

Cette hypothèse est-elle réellement nouvelle ?

Et d'abord est-elle utile ? Les grands progrès que la science moderne a réalisés sont dus à l'expérience et à l'observation. *Non fingo hypotheses*, a écrit Newton au frontispice de ses œuvres. *Nullius in verba*, dit l'écusson de la Société royale de Londres. *Provando e riprovando*, dit également dans son emblème l'académie florentine fondée par Galilée. Il est certain que la physique moderne s'est faite en examinant les phénomènes eux-mêmes indépendamment de leurs causes supposées, en les soumettant à des mesures exactes au moyen d'instruments de précision. On peut même dire que la science a marché en raison des perfectionnements successifs qui étaient apportés aux instruments de mesure. Nous savons aujourd'hui apprécier avec rigueur la millième partie d'un millimètre, la dix-millième partie d'une seconde, et nous ne sommes pas près de renoncer aux recherches que nous pouvons entreprendre avec de pareils moyens d'investigation. Certes, la méthode expérimentale qui a déjà donné de si brillants résultats n'est pas près de périr, et c'est toujours au vernier du physicien, à la balance du chimiste, au scalpel du médecin, au télescope de l'astronome, que nous demanderons des renseignements certains sur la nature.

Est-ce à dire toutefois que, pendant que ce travail incessant de recherches se poursuit de toutes parts, nous n'essayerons pas de grouper les faits déjà découverts, de manière à nous élever à des lois de plus en plus générales? On essayerait en vain de lutter contre cette tendance de l'esprit humain. Il est facile de dire qu'on ne veut s'occuper que de ce qui est prouvé jusqu'à l'évidence, et qu'on veut laisser le reste aux rêveurs; mais il est malaisé de s'en tenir à ce programme. Chacun est invinciblement amené à se faire, tant bien que mal, une idée de l'ensemble du monde. Parmi les hommes qui font faire de réels progrès aux sciences, ceux qui paraissent le plus enfermés dans la recherche des faits particuliers, ceux qui restent confinés dans la mesure patiente de certains phénomènes, ont certainement leurs théories générales, qu'ils se dispensent peut-être de livrer au public, mais qui les guident dans leurs travaux, qui les portent à aborder telle question plutôt que telle autre, qui, vraies ou fausses, leur suggèrent des aperçus nouveaux et classent pour eux les problèmes.

Au-dessus de toutes les théories qui ont pu ainsi guider les hommes de science s'élève maintenant cette grandiose conception de l'unité des forces physiques. Ce n'est qu'une hypothèse; mais elle se présente avec des garants assez fermes pour nécessiter une sorte de révision de la science entière. Elle éclairera d'un nouveau jour les faits déjà connus; dans les questions encore confusément étudiées, elle tracera une voie aux recherches et indiquera dans quel sens il faut d'abord interroger la nature. L'hypothèse fût-elle fausse, l'expérience saura en tirer profit.

Mais, dira-t-on, n'est-il pas à craindre qu'entraînés par cette image séduisante, certains observateurs n'en viennent à voir mal les faits, à vouloir les introduire de force dans le cadre qu'ils se sont tracé d'avance, et à dénaturer ainsi involontairement, avant de les présenter au public, les résultats de leurs expériences ? — Sans doute cela arrivera, cela est arrivé déjà; mais ce n'est pas là un mal bien grave, la science est assez armée contre un pareil danger, et des assertions erronées ne peuvent résister longtemps à son contrôle.

Mais, dira-t-on encore, les savants ne sont pas seuls en jeu. Votre hypothèse touche à la philosophie. Non-seulement elle comprend toute la physique, mais elle déborde sur la métaphysique. Des philosophes vont l'adopter sans doute, croyant tenir une vérité scientifique, et ils n'embrasseront peut-être qu'une chimère ! — Que répondre à cela ? C'est affaire aux métaphysiciens de bien prendre leurs renseignements.

Maintenant est-ce une hypothèse véritablement nouvelle que celle qui nous présente le monde physique comme composé d'atomes uniformes et de mouvements divers ?

A proprement parler, il n'y a plus guère d'idées qui puissent se produire comme tout à fait neuves. Si l'on s'en tient aux définitions et à la surface des choses, on pourra retrouver la théorie de l'unité des forces physiques dans l'antiquité la plus reculée. Les philosophes de la Grèce ancienne n'avaient pour ainsi dire à leur disposition aucun fait scientifiquement démontré, et dans cet état de choses ils formaient sur la nature les hypothèses les plus simples. Ils avaient table rase, et rien ne gênait leur empirisme ; ils allaient donc tout droit aux conceptions les plus générales, et chacun faisait à sa manière l'unité dans le grand tout. Thalès de Milet, 600 ans avant notre ère, commençait par déclarer que l'eau était le principe de toutes choses. Cinquante ans plus tard, son compatriote Anaximène voyait dans l'air « l'élément uniforme et primitif ». L'école éléate, dans la Grande-Grèce, chercha encore ailleurs le principe universel. « Rien ne provient de rien, et rien ne peut changer, disait Xénophane, tout est de la même nature »; cependant il demandait, pour expliquer la multiplicité des choses variables, deux éléments, l'eau et la terre. Vers l'an 500, Héraclite adopta le feu pour principe unique et pour agent universel. « Le monde n'est l'ouvrage ni des dieux, ni des hommes; c'est un feu toujours vivant, s'allumant et s'éteignant suivant un certain ordre. » Voilà donc quatre éléments successivement proclamés, — l'eau, l'air, la terre, le feu, — et, par une sorte d'éclectisme, on en vint à les admettre tous les quatre à la fois dans la composition de l'univers. Aristote accepta ces quatre éléments, et pendant de longs siècles après lui ils servirent de base à tout système de la nature. On admettait encore les quatre éléments pendant le xviiie siècle, à la veille des grands travaux qui ont fondé la chimie moderne.

En suivant ce mouvement général des idées, on rencontre la théorie atomistique elle-même dès les temps les plus anciens. Leucippe, un éléate, qui vivait 500 ans avant notre ère, concevait l'univers comme formé du vide et d'une matière réelle dont la dernière division était l'atome. «Les atomes ronds, disait-il, ont la propriété du mouvement. C'est par leurs combinaisons et séparations que les choses naissent et se détruisent. Tous les phénomènes physiques sont déterminés par l'ordre et la position des atomes, et n'ont lieu qu'en vertu de la nécessité. » Démocrite d'Abdère, disciple de Leucippe, développa sa doctrine. Il attribua aux atomes, similaires entre eux, des propriétés originelles, l'impénétrabilité et une sorte de pesanteur. Pour lui, « toute influence active ou toute affection passive est un mouvement par suite d'un contact. » Il distingua l'impulsion ($\pi\alpha\lambda\mu\acute{o}\varsigma$) et le mouvement de réaction ($\dot{\alpha}\nu\tau\iota\tau\upsilon\pi\acute{\iota}\alpha$), d'où résulte le mouvement circulaire ou en tourbillon ($\delta\acute{\iota}\nu\eta$). C'est en cela que consiste la loi de la nécessité ($\dot{\alpha}\nu\acute{\alpha}\gamma\kappa\eta$) indiquée par Leucippe. Épicure l'Athénien adopta les vues de Démocrite, et fit une sorte de théorie des atomes ; il donnait à ceux-ci une forme crochue, et il les supposait animés d'un mouvement oblique les uns par rapport aux autres, afin qu'ils pussent se saisir et former des corps. Tel est le système que Lucrèce chanta dans son magnifique poëme de la *Nature*.

Mais, avons-nous besoin de le répéter ? les conceptions de ces philosophes, de ces poëtes, n'étaient que de pures utopies : formées en dehors des faits, elles n'apportaient aucune clarté dans le domaine de la physique, leurs auteurs ne pouvaient y voir que ce qu'ils y avaient mis, c'est-à-dire le caprice de leur imagination. Aussi n'avaient-elles pas pour eux le sens qu'elles ont maintenant pour nous. Ce n'étaient à leurs yeux que de simples formules, qu'ils ne songeaient guère à mettre en regard des faits de la nature, et qui servaient seulement de préambules à leurs systèmes de philosophie.

Ce que nous disons des anciens s'applique d'ailleurs entièrement au moyen âge, à la renaissance, aux premiers travaux des temps modernes. La physique de Descartes n'a guère plus de valeur que celle d'Épicure ; même fantaisie, mêmes tourbillons, mêmes atomes crochus.

Les grands hommes qui, au temps même de Descartes, inauguraient la rénovation des sciences, ne se préoccupaient que des faits, et laissaient de côté les hypothèses : c'était Kepler, c'était Galilée. Quand vint la seconde génération des grands savants, la génération de Newton, de Leibnitz, d'Huyghens, on était assez riche de connaissances précises pour qu'une hypothèse générale devînt presque impossible. La science se divisa en plusieurs branches. Dans chacune d'elles on fit une ou plusieurs hypothèses particulières ; mais de longtemps on ne put songer à embrasser dans une formule d'ensemble les phénomènes nombreux et précis qu'un travail incessant mettait à jour.

2.

Que si maintenant de l'examen même de ces phénomènes une formule générale surgit, que si un système
jaillit spontanément de l'étude des faits, nous pourrons dire qu'il est véritablement nouveau, alors même
que la formule en serait ancienne, alors même
qu'on pourrait en trouver dans Démocrite un énoncé
presque complet. L'originalité de l'hypothèse qui se
produit actuellement, c'est qu'elle se trouve en présence d'une quantité considérable de faits, c'est qu'elle
est née de ces faits mêmes; elle emprunte sa valeur
aux faits qu'elle embrasse, elle devient en quelque
sorte un fait elle-même.

III

De la difficulté qu'on rencontre à exprimer des idées nouvelles à l'aide de noms anciens.

La théorie que nous étudions n'apparaîtra donc sous son jour véritable que quand nous aurons examiné quelques-uns des phénomènes sur lesquels elle repose, et indiqué l'aspect nouveau qu'elle donne à quelques parties de la science.

Nous n'avons point l'intention, comme on pense, de faire un cours de physique. Nous pourrons seulement toucher quelques points, donner quelques indications. Qu'on ne nous demande point un tableau général de la nature, alors que nous cherchons seulement à en esquisser quelques détails; à travers ces ébauches partielles, on pourra sans doute entrevoir ce que serait l'œuvre d'ensemble que nous ne songeons point à entreprendre.

Nous adopterons d'ailleurs, dans notre excursion à travers les phénomènes naturels, le même ordre que nous avons suivi dans l'exposé sommaire du système ; nous parlerons d'abord de ce qui touche à la lumière, à la chaleur, à l'électricité ; nous en viendrons ensuite à cet autre groupe d'actions, l'affinité chimique, la cohésion, la gravité, dont les préjugés courants placent plus particulièrement le principe au sein même des molécules.

La chaleur ! l'électricité ! la cohésion ! la gravitation ! disons-nous. Ces mots mêmes nous amènent à faire une déclaration dont le bénéfice devra nous être acquis pendant tout le cours de cette étude.

Dans chaque branche de la physique, nous le disions il y a un instant, des hypothèses particulières ont été faites ; elles ont influé sur le langage qui a été adopté dans les différentes parties de la science. Dans beaucoup de cas, les noms donnés aux phénomènes, la classification même de ceux-ci, sont en désaccord avec la théorie nouvelle.

Qu'allons-nous faire en cette circonstance ? Sans doute à une situation nouvelle il faut une langue nouvelle. Mais allons-nous créer ici cette langue de toutes pièces ? Nous avons bien d'autres embarras.

Irons-nous recourir à des périphrases pour éviter des mots qui semblent contredire les idées que nous développons? Nous courrions grand risque de n'être pas compris.

Nous continuerons donc à appeler toutes choses par le nom qui leur est habituellement donné; si quelquefois cette dénomination est en discordance avec notre idée fondamentale, on voudra bien n'attribuer cet accident qu'à l'état transitoire dans lequel se trouve actuellement la physique. Les électriciens ont admis autrefois l'existence d'un fluide positif et d'un fluide négatif; ils distinguent dès lors dans un courant un pôle positif et un pôle négatif; nous le ferons comme eux, sans que cela tire à conséquence. Quand on chauffe un corps sans lui permettre de se dilater, il absorbe, pour acquérir un certain degré de température, une quantité déterminée de chaleur, et, si on le chauffe en lui permettant de se dilater, il demande, pour arriver au même degré, une quantité de chaleur plus grande : les physiciens avaient donné à l'excédant de chaleur exigé dans le second cas le nom de chaleur *latente* de dilatation. Nous pourrons continuer à l'appeler latente, tout en voyant clairement qu'elle est employée à produire le travail mécanique de la dilatation. En étudiant les actions moléculaires, on a toujours distingué des forces attractives et des forces répulsives; nous pourrons le faire, sans rien préjuger sur l'existence de ces forces.

Quant **au mot** de force lui-même, nous le conservons, faute de mieux, dans notre vocabulaire. Chaque fois qu'un mouvement nous apparaît comme la continuation ou la transformation d'un autre mouvement, nous pouvons nous passer de l'idée de force, et nous devrions réserver cette notion pour les mouvements dont l'origine nous demeure tout à fait cachée. Nous continuerons cependant, comme nous l'avons déjà fait dans les pages qui précèdent, à employer le mot de force dans son sens usuel. Nous parlerons sans scrupule de la force de gravité qui fait tomber une pierre et de la force de cohésion qui maintient un corps à l'état solide, tout en supposant que la chute de la pierre et la solidité du corps ne sont dues qu'aux mouvements du milieu ambiant.

A vrai dire, l'inconvénient que nous signalons ici n'est pas nouveau, et ces difficultés de langage sont bien connues dans la physique. Comme dans chacune des parties de cette science on a fait successivement des hypothèses différentes pour grouper et coordonner les phénomènes, les physiciens ont appris dans une certaine mesure à se soustraire à l'empire des mots, à faire abstraction des idées qu'en réveille la signification commune ; ils savent voir les faits sous l'image conventionnelle que les mots en donnent.

Toutefois l'explication dans laquelle nous venons d'entrer n'était pas inutile ; elle justifiera le désaccord qui se produira souvent, sans doute, entre les noms donnés aux phénomènes et notre manière de les apprécier.

CHAPITRE II

LE SON ET LA LUMIÈRE

I

De la nature et de l'équivalent mécanique du son.

On sait depuis bien longtemps que le son est l'effet d'une vibration des corps, qui se propage, soit à travers l'air, soit à travers un autre milieu. Les phénomènes acoustiques sont, pour ainsi dire, visibles à l'œil nu; aussi la nature en a-t-elle été connue de bonne heure. Si l'on frotte à l'aide d'un archet une plaque de cuivre encastrée par un de ses côtés, l'œil perçoit les vibrations de la plaque. Si l'on présente à l'air ébranlé la membrane d'un tambour sur laquelle on a projeté du sable fin, l'agitation de ce sable trahit celle de l'air, et l'on voit les grains, chassés des parties les plus agitées, se rassembler suivant les lignes où l'air et la membrane restent en repos. La vitesse de propagation du son est elle-même facilement appréciable. Tout le monde sait que, si un coup de canon est tiré dans le lointain, on en voit la lumière bien avant d'en entendre le bruit; on peut ainsi apprécier, sans difficulté, le nombre de secondes que le son met à parcourir un intervalle donné. Accessibles à l'expérience directe, les principes de l'acoustique ont été de longue date considérés sous leur vrai jour, et l'on n'a imaginé, pour les expliquer ou pour les coordonner, ni un fluide spéciale, ni une force particulière. On a vu dans le son un mouvement vibratoire produit par un ébranlement quelconque et propagé dans un milieu. On n'a introduit dans la physique ni un *fluide sonore*, ni une *force sonore*.

Nous pouvons donc ne dire du son que quelques mots. Notons seulement que l'étude des vibrations sonores prend pour nous, au point de vue de l'histoire de la science, une importance toute spéciale. Ce sont les premières vibrations que l'on ait bien connues, et le jour où l'on s'en est rendu un compte exact, on a posé une des assises les plus solides de la physique nouvelle. Les faits que cette étude a révélés ont puissamment aidé les grands esprits qui ont fondé la théorie de la lumière. Entre les vibrations sonores et les vibrations lumineuses, on a cherché et trouvé bien des analogies. On a rencontré aussi des dissemblances profondes. En voici une des plus graves et que nous citons tout de suite, sauf à y revenir dans un instant. La vibration sonore a lieu dans le sens de la propagation du son : chaque molécule de l'air ébranlé exécute un mouvement de va-et-vient le long de la ligne même suivant laquelle le son se propage. Au contraire, la vibration lumineuse a lieu perpendiculairement au rayon de lumière. Les dissemblances et les analogies que l'étude a révélées entre les mouvements sonores et les mouvements lumineux nous donnent, dès l'abord, un premier aperçu des problèmes que rencontre la physique nouvelle, et des méthodes qu'elle peut employer pour les résoudre.

Nous aurons encore un exemple des recherches sur lesquelles elle appelle les esprits, si nous nous posons ici, à propos du son, une question que nous aurons successivement à nous faire au sujet de tous les phénomènes physiques. Ces divers phénomènes, avons-nous dit, sont susceptibles de se transformer les uns dans les autres, et nous sommes ainsi conduits à leur chercher une commune mesure dans l'effet dynamique qu'ils représentent. Quel est l'effet dynamique d'un son et réciproquement? ou, pour employer un terme introduit dans le langage des sciences par l'étude de la chaleur, quel est l'*équivalent mécanique* du son?

Prenons une cloche et frappons-la d'un marteau : nous pourrons estimer directement le travail dû au choc du marteau; ce sera un certain nombre de kilogrammètres. La cloche vibrera, et nous pourrons mesurer l'amplitude de ses vibrations au moyen d'un rayon lumineux réfléchi sur un petit miroir attaché en un de ses points ; c'est là un procédé souvent employé en acoustique pour amplifier les oscillations et les rendre mesurables. Si nous faisons ainsi une série d'expériences, et si nous comparons les nombres qui expriment les chocs avec les nombres qui expriment les amplitudes oscillatoires, nous pourrons condenser le résultat de cet examen dans une formule qui nous donnera une idée de l'effet sonore des percussions diverses.

Mais aurons-nous ainsi un véritable équivalent mécanique du son? Pourrons-nous dire que l'unité de son équivaut à tant de kilogrammètres? Pour cela, il faudrait commencer par déterminer une unité de son. On distingue dans le son plusieurs qualités : il y a la gravité, qui dépend du nombre des vibrations ; il y a l'intensité, qui dépend de leur amplitude ; il y a le timbre, qui dépend de conditions plus complexes. Quel phénomène choisira-t-on pour comparer les divers sons entre eux, en tenant compte de tous leurs effets? Il ne semble pas qu'on se soit occupé jusqu'ici d'une pareille question. On ne s'est guère attaché qu'au nombre des vibrations dont dépendent les théories musicales.

A vrai dire, nous ne voyons pas qu'il y ait dans la pratique une utilité spéciale à choisir une unité sonore qui réponde aux conditions que nous venons d'indiquer. Nous n'insisterons donc pas sur ce point, et nous ne l'avons mentionné que pour montrer dès maintenant un des côtés nouveaux sous lesquels se présentent les études physiques.

Ce fut toujours une des principales difficultés des sciences d'observation que de déterminer convenablement les unités auxquelles il faut rapporter les phénomènes. Ce choix des unités prend actuellement une importance toute spéciale au nouveau point de vue où se placent les physiciens. Nous sommes donc là en face d'une question capitale qui appelle quelques développements. Si nous ne faisons que l'effleurer à propos du son, c'est que nous nous réservons de chercher une occasion où elle puisse être traitée avec plus de fruit ; car nous la retrouverons nécessairement sur notre chemin, à chaque pas, si nous voulons.

II

De la nature de la lumière et de l'interférence. Généralité de ce dernier phénomène.

L'acoustique nous apprend que le son est un mouvement vibratoire, soit de l'air, soit de l'eau, soit d'un autre milieu matériel analogue. En examinant les phénomènes optiques, nous allons voir apparaître l'éther comme agent de la vibration lumineuse, et cette conception de l'éther deviendra bientôt pour nous comme le lien de toutes les idées qui se rattachent à l'unité des forces physiques.

Prenons un prisme formé de deux lames de verre séparées par du sulfure de carbone, mettons-le sur le passage d'un faisceau de rayons solaires et recevons l'image de ce faisceau sur un écran. Cette image, comme on sait, s'appelle un spectre. L'écran nous montrera les rayons lumineux de différentes couleurs inégalement réfractés par leur passage à travers la masse prismatique du sulfure de carbone. Les rayons rouges sont le moins déviés, et se trouvent, par conséquent, du côté de l'arête du prisme; puis viennent, en allant de l'arête à la base, l'orangé, le jaune, le vert, le bleu, l'indigo, le violet.

Si maintenant nous examinons le spectre avec attention, il ne restera pas pour nous un phénomène purement lumineux; il nous renseignera sur les propriétés calorifiques et chimiques du faisceau solaire. Recevons le spectre sur une plaque percée d'une fente étroite, à travers laquelle les rayons puissent agir sur une pile thermo-électrique, et promenons la fente dans toute l'étendue du spectre en commençant par la partie violette. Tant que nous resterons dans le violet, l'indigo, le bleu, même le vert, l'aiguille de l'appareil thermoscopique ne sera que très-peu déviée. Elle accusera une chaleur croissante à mesure que la fente traversera le jaune, puis l'orangé, puis le rouge; mais dépassons le rouge et entrons dans la partie obscure du spectre : c'est là que nous trouvons le maximum de chaleur. Il y a donc au delà de l'image visible du faisceau solaire un spectre chaud que nous ne pouvons apercevoir. Si les rayons qui se réfractent, d'un côté du spectre, au delà du rouge, ont une aptitude spéciale à produire de la chaleur, ceux qui se réfractent de l'autre côté, au delà du violet, ont une aptitude spéciale à provoquer les actions chimiques. Ces rayons chimiques peuvent être rendus visibles par un artifice bien connu dans les cabinets de physique. On prend une feuille de papier dont la partie inférieure est imbibée d'une solution de sulfate de quinine, tandis que la partie supérieure est restée sèche ; si l'on reçoit sur cette feuille l'image du faisceau solaire, le spectre conserve sur le haut de la feuille son apparence ordinaire, tandis que dans la partie mouillée une phosphorescence brillante se montre au delà des rayons violets.

Ainsi le spectre s'étend en dehors de la partie visible, dans les deux directions, à droite et à gauche, et l'analyse peut y distinguer, outre les rayons lumineux, des rayons calorifiques et des rayons chimiques, ceux-ci plus particulièrement déviés vers la partie violette, ceux-là plus spécialement réfractés vers la partie rouge.

Toutes les lumières connues jusqu'ici présentent ces trois sortes de rayons. Les phénomènes varient, bien entendu, dans une certaine mesure avec les moyens d'observation. Et d'abord, par cela seul qu'on emploie un prisme, on n'obtient qu'un spectre en quelque sorte conventionnel : le prisme disperse différemment les rayons de réfrangibilité différente ; il laisse les rayons rouges plus condensés, il donne plus d'étendue au contraire à la partie violette. On peut par d'autres moyens obtenir un spectre où les rayons différents conservent mieux leur valeur relative. La nature du prisme change aussi les rapports entre les rayons lumineux, calorifiques et chimiques. Si l'on reçoit de la lumière solaire sur un prisme d'eau, le maximum de chaleur apparaît dans le jaune ; — sur un prisme de verre commun, dans le rouge ; — sur un prisme de *flint-glass*, au delà du rouge ; — sur un prisme de sel gemme, bien au delà du rouge, dans la partie tout à fait obscure. Il y aurait également à tenir compte de la nature de la source lumineuse. Mais laissons ces détails, nous voulions seulement montrer comment, dans toute émission lumineuse, on trouve, à côté de l'action lumineuse proprement dite, l'action calorifique et l'action chimique. Nous parvenons à diviser ces trois actions, mais non sans peine, tant elles nous apparaissent confondues. N'oublions donc pas cette synthèse toute faite qui se présente à nous dès l'abord. Si après avoir étudié isolément la lumière, la chaleur, l'affinité, nous venons à retrouver la loi qui unit ces phénomènes, rappelons-nous que nous les avons rencontrés réunis, et que c'est nous-mêmes qui les avons séparés pour les mieux examiner. Pour le moment, il nous faut continuer notre analyse, laisser de côté la chaleur ainsi que l'action chimique, et ne nous occuper que de la lumière.

Qu'est-ce que la lumière ? Ce sujet a donné carrière à l'imagination des vieux physiciens. Les uns plaçaient dans l'œil une force visuelle, cette force projetait des rayons qui allaient toucher les objets. Les autres supposaient au contraire que les objets émettaient tout autour d'eux un nombre infini de petites images qui entraient dans les yeux des hommes et des animaux. On ne put guère se demander sérieusement ce qu'était la lumière que lorsqu'on connut la structure de l'œil, et qu'on vit l'image des objets formée sur la rétine comme sur le fond d'une chambre obscure. La rétine ainsi impressionnée transmet la sensation au nerf optique ; mais comment la rétine est-elle impressionnée? comment l'image s'y forme-t-elle ?

Newton supposa que les corps lumineux lancent de petits corpuscules dont le choc émeut la rétine. C'est la fameuse théorie de l'émission, qui donna lieu pendant la fin du xviie siècle à de si chaudes controverses. Newton avait établi, en se servant de son hypothèse, les lois principales de l'optique, celles de la réflexion, celles de la réfraction. Cependant des difficultés subsistaient. D'autres phénomènes optiques plus compliqués, la polarisation, la double réfraction, ne pouvaient être expliqués par la théorie newtonienne. On posait à Newton des questions auxquelles son hypothèse ne répondait pas : « Où va la lumière quand elle s'éteint? où vont les corpuscules qui sortent sans cesse des sources lumineuses? »

Descartes avait émis l'idée qu'une matière subtile remplit les espaces planétaires. On s'empara de cette conjecture à l'aide de laquelle il avait vainement essayé d'expliquer les phénomènes astronomiques ; on l'appliqua à la lumière. Malebranche fut des premiers à soupçonner que la lumière est produite par les ondulations d'un éther, et que les différences des longueurs d'ondes constituent les couleurs. Huyghens adopta ce système et en soumit les déductions au calcul. Ainsi admise dans la science à titre hypothétique, l'existence de l'éther devint de plus en plus probable à mesure que l'expérience justifia les conclusions tirées de ce principe.

Cependant Newton soutenait avec énergie la théorie de l'émission, et accumulait, pour la défendre, des preuves dont un grand nombre nous paraissent bien bizarres aujourd'hui. Euler appuyait Huyghens, et il voyait dans une sorte de classification des phénomènes qui affectent nos sens un argument en faveur des ondulations. « Pour percevoir un objet par le tact, disait-il, il faut que nous soyons contre cet objet même. Quant aux odeurs, nous savons qu'elles sont produites par des particules matérielles qui s'échappent du corps volatil. Lorsqu'il s'agit de l'ouïe, rien n'est détaché du corps résonnant. La distance à laquelle nos sens connaissent la présence des objets est nulle dans le cas du toucher, petite dans le cas de l'odorat, assez grande dans le cas de l'ouïe; cette distance devient considérable dans le cas de la vue. En suivant cette progression, on doit croire que la vue perçoit suivant le même mode que l'ouïe et non pas suivant le même mode que l'odorat; on doit supposer que les corps lumineux vibrent comme les corps sonores, au lieu d'émettre des particules comme les substances volatiles. »

On apportait dans le débat des faits curieûx observés dès le milieu du xvii° siècle par le père Grimaldi, moine bolonais, qui avait laissé un traité d'optique très-original (*De lumine, coloribus et iride;* Bologne, 1665). Si l'on perce un très-petit trou dans un volet et qu'on examine le cône lumineux qui passe par cet orifice, on remarque que le cône est beaucoup moins aigu qu'on ne devrait le supposer, à ne considérer que la transmission rectiligne des rayons. L'expérience devient plus frappante encore si l'on interpose sur le trajet du faisceau lumineux un second volet percé d'un nouveau trou; on constate alors facilement que les rayons du second cône sont plus divergents que ceux du premier. — Si dans le cône lumineux on introduit un fil fin et qu'on en projette l'ombre sur un écran, l'ombre apparaît entourée de trois franges colorées, et l'on voit d'ailleurs dans cette ombre une ou plusieurs raies lumineuses. Si l'on reçoit sur un écran l'image du trou percé dans le volet, on voit un cercle blanc entouré d'un anneau obscur, puis d'un anneau blanc plus brillant que la partie centrale, puis d'un second anneau obscur, et enfin d'un nouvel anneau blanc très-faible. — Si l'on perce dans le volet d'expérience deux très-petits trous distants l'un de l'autre de 1 ou 2 millimètres, et qu'on reçoive les deux images sur un écran, de telle sorte qu'elles empiètent l'une sur l'autre, on trouve que, dans le segment lenticulaire où elles se pénètrent, les cercles sont plus obscurs que dans la partie où elles sont séparées; on voit ainsi qu'en ajoutant de la lumière à de la lumière on peut produire de l'obscurité.

Ces faits si curieux, minutieusement décrits par le père Grimaldi, nous paraissent tout à fait décisifs, maintenant que nous en saisissons le sens intime. Il nous semble qu'ils auraient dû faire triompher sans délai le système des ondulations; mais ceux même qui en appréciaient la valeur au xviie siècle étaient loin d'en tirer toutes les conséquences. Ces expériences servaient du moins à alimenter les controverses. — Des corpuscules, disait Huyghens, qui viendraient directement du soleil et qui passeraient par le petit trou du volet, formeraient, au sortir du trou, un cylindre étroit et non un cône. La forme conique prouve un mouvement qui se propage latéralement au rayon lumineux.—Newton retournait l'argument. Si la lumière est un mouvement, disait-il, elle ne devrait pas rester confinée dans un cône étroit, elle devrait se répandre dans tous les sens et se disperser circulairement autour de chaque point d'ébranlement. — Sans doute, répondait Huyghens, en chaque point du rayon lumineux, des ondulations sphériques partent latéralement à ce rayon et se répandent dans tout l'espace environnant; mais elles ne sont pas assez répétées pour produire la sensation de la lumière; elles n'obéissent pas à une discipline aussi forte que celles qui se trouvent dans le sens même du rayon, et elles se détruisent les unes les autres dans leur confusion.

Le premier savant qui vit tout ce qu'on pouvait tirer

des expériences de Grimaldi fut Thomas Young, ce voyageur sagace, qui développa plusieurs branches de la physique, et qui trouva la clef des hiéroglyphes égyptiens. Les recherches de Young furent continuées par Arago et Fresnel, puis plus récemment par MM. Fizeau et Foucault. Tous ces travaux ont donné l'explication complète des *franges* de lumière signalées par Grimaldi, et la théorie des *interférences*, qu'ils ont fondée est une des plus glorieuses conquêtes de l'esprit moderne.

Le principe des interférences est facile à saisir.

Un rayon lumineux, d'après ce que nous avons dit jusqu'ici, est la propagation d'un mouvement dans lequel les atomes de l'éther oscillent autour de leur position d'équilibre. Ils sont donc animés d'une certaine vitesse dans un sens pendant la première moitié de cette ondulation, et de la même vitesse en sens contraire pendant la seconde moitié. Supposons maintenant qu'on puisse disposer de deux rayons issus d'une même surface, et que par un artifice quelconque on ait mis l'un des deux en retard sur l'autre d'une demi-ondulation ; si l'on vient à superposer les deux rayons, au point de superposition les atomes d'éther resteront immobiles, puisqu'ils seront également sollicités à se mouvoir dans les deux sens ; il y aura donc en ce point absence de mouvement lumineux ou obscurité. Il y aura augmentation de lumière quand le retard sera de deux demi-longueurs d'onde ; obscurité quand il sera de trois demi-longueurs, et ainsi de suite.

Par des expériences basées sur ce principe, on a pu mesurer la longueur et la durée des ondes qui correspondent aux diverses couleurs du spectre. L'onde décroît en longueur et en durée depuis le rouge jusqu'au violet; sa longueur, exprimée en millimètres, est de $0^{mm},000738$ à l'extrême rouge, de $0^{mm},000553$ au milieu du jaune, de $0^{mm},000369$ à l'extrême violet. On a pu d'ailleurs constater, par des procédés spéciaux, que la même loi de décroissance s'étend aux parties invisibles du spectre; les vibrations calorifiques au delà du rouge sont plus lentes et plus longues; l'onde la plus longue du calorique obscur qui ait pu être mesurée jusqu'ici est de $0^{mm},001830$. Quant à la durée des ondes, on pourra s'en faire une idée générale en sachant que la vibration du rayon jaune dure 530 trillionièmes de seconde. C'est d'ailleurs un fait reconnu que l'œil ne peut percevoir une sensation, si elle ne dure au moins quelques centièmes de seconde. Il faut donc plusieurs billions d'ondes pour donner la sensation lumineuse.

On voit ici confirmé par l'expérience le raisonnement que nous mettions tout à l'heure dans la bouche d'Huyghens, et aux termes duquel les ondes, une fois sorties de la ligne même d'ébranlement, ne sont plus assez fréquentes pour produire de la lumière.

On comprend, sans que nous ayons besoin d'insister sur ce point, l'importance que l'étude des interférences prend dans la physique nouvelle. L'intérêt qui s'y attache ne reste pas confiné dans les limites de l'optique, il s'étend à toutes les branches de la science. Partout où il y a un mouvement vibratoire, on doit s'attendre à rencontrer des phénomènes d'interférences.

L'acoustique, par exemple, a les siens, qui sont faciles à mettre en évidence. Qu'on prenne une plaque de cuivre supportée par un pied, et qu'après l'avoir saupoudrée de sable fin on la frotte vivement à l'aide d'un archet au milieu d'un de ses côtés, on voit la plaque se diviser en huit triangles ou concamérations vibrantes ; les triangles contigus vibrent en sens contraire, et par conséquent ceux qui ne se touchent pas vibrent dans le même sens. Le sable fin accuse cet état de choses en se rassemblant le long des lignes qui divisent la plaque ; il y reste en repos parce qu'il y trouve une tendance égale à deux mouvements opposés. Ces impulsions contraires qui partent des diverses parties de la plaque pour se croiser dans l'air ambiant doivent y produire de véritables phénomènes d'interférences, car tantôt elles se renforcent mutuellement et tantôt elles se contrarient. On s'en assure à l'aide d'un instrument très-simple ; c'est un tube dont une extrémité forme un entonnoir, sur lequel une membrane est tendue, tandis que l'autre bout se termine par deux branches formant un angle entre elles. Si maintenant, l'oreille placée contre l'entonnoir, on promène sur la surface de la plaque les deux branches qui terminent le tube, on reconnaît facilement que le son est très-affaibli quand elles sont au centre de deux triangles contigus, et qu'il s'enfle au contraire quand elles touchent deux triangles vibrant dans le même sens.

Ainsi nous connaissons maintenant les interférences sonores et les interférences lumineuses ; mais surtout nous devons nous attendre à voir ces phénomènes se généraliser en physique. Ils se présenteront nécessairement sous les formes les plus variées, suivant le mode de mouvement qui les produira, et surtout suivant la nature de l'organe qui sera chargé de les percevoir. Dans tous les cas, les recherches qui seront faites dans cette voie seront puissamment aidées par les magnifiques travaux qui ont signalé l'étude des interférences lumineuses.

III

Inductions sur l'éther tirées des phénomènes lumineux.

Il faut maintenant que nous considérions de plus près cette notion de l'éther à laquelle nous avons été conduit par les phénomènes de la lumière; il faut que nous la précisions et que nous la dégagions des controverses auxquelles elle a donné lieu.

Qu'est-ce que l'éther? Est-il réellement impondérable, et dans ce cas que signifie cette propriété? En quoi diffère-t-il de la matière ordinaire? En quoi lui ressemble-t-il? Quels sont ses rapports avec elle? N'y a-t-il pas quelque chose de singulier, dàns le temps même où nous reléguons hors de la science une foule d'entités conventionnelles et de forces abstraites, à y introduire l'idée d'un milieu pour ainsi dire immatériel ?

Nous aurons répondu à cette dernière question quand nous aurons montré que l'éther, tel que nous le concevons, n'a pas les propriétés fantastiques qu'on est parfois porté à lui prêter.

Nous nous figurons un gaz simple, l'oxygène par exemple, comme un ensemble de molécules élémentaires animées de mouvement, qui se choquent les unes les autres, d'où résultent la force expansive du gaz et la pression qu'il exerce sur les corps entre lesquels il est contenu. Cette notion pourra devenir plus nette quand nous chercherons à nous rendre compte de la constitution intérieure des corps, en mettant à profit les idées généralement adoptées sur la nature de la chaleur ; mais dès maintenant nous pouvons l'accepter comme une sorte de conception primordiale dont notre esprit se montre satisfait avant d'avoir pour lui le témoignage de la science. C'est sous cette forme simple que nous nous représentons l'éther, et nous ajoutons que ses éléments sont des atomes, c'est-à-dire qu'ils ne peuvent être divisés. Si l'on nous objecte la difficulté de comprendre qu'ils soient réellement indivisibles, nous répondrons qu'il nous suffit de concevoir qu'ils se comportent comme tels, car nul n'a la prétention de pénétrer ni l'infiniment petit, ni l'infiniment grand. Les atomes de l'éther sont animés de mouvements qu'ils se communiquent les uns aux autres et qu'ils communiquent aux corps environnants.

Sont-ils donc immatériels? Eh non ! certes. Deux propriétés constituent la matière : l'impénétrabilité et l'inertie. Les atomes éthérés sont impénétrables au premier chef, ils le sont par définition. Ils sont inertes aussi ; ils ont reçu les mouvements dont ils sont animés, et ils ne les perdent qu'en les communiquant. Rien ne distingue donc l'éther de la matière, et quand nous le présentions dans les lignes qui précèdent comme éveillant l'idée d'un milieu pour ainsi dire immatériel, nous faisions, on le comprend, une pure concession à certaines habitudes de langage. Notre éther est matériel, tout comme l'oxygène.

Mais il est impondérable ! Oui, et nous nous trouvons ici en face d'une explication vraiment délicate. Nous nous ferions mieux comprendre, si nous avions pu dès maintenant montrer avec quelque détail sous quel aspect se présente l'attraction universelle dans le nouvel ordre d'idées où nous sommes entré; mais c'est un point de vue que nous développerons seulement dans la suite de ce travail. Quelle que soit la forme sous laquelle on conçoive l'état intérieur d'une molécule ordinaire, qu'on la regarde comme une substance primordiale ou qu'on y voie une réunion d'atomes éthérés agrégés suivant des lois quelconques, il faut admettre que cette molécule a une masse beaucoup plus grande que chacun des atomes de l'éther. Cela posé, si deux molécules sont en présence l'une

de l'autre, choquées l'une et l'autre de toutes parts par
l'éther environnant, de cette situation même naîtra
une tendance au rapprochement qui est connue sous le
nom d'attraction ou de gravité. Contentons-nous pour
le moment de cette indication sommaire qui se com-
plétera par la suite. Elle suffit pour faire entrevoir dès
maintenant comment l'éther est impondérable : si les
deux molécules tendent à se rapprocher, c'est que
leur présence rompt l'uniformité des chocs éthérés,
précisément de la façon qu'il faut pour qu'elles soient
poussées l'une vers l'autre. On ne trouvera rien de
semblable, si l'on considère l'éther lui-même dans ses
mouvements propres ; il se meut dans tous les sens, et
rien n'apparaît qui puisse le pousser dans une direction plutôt que dans une autre. Ainsi ce fluide produit
l'attraction matérielle sans y être soumis ; il donne la
gravité aux corps, et il est impondérable.

Si donc on veut distinguer l'éther de la matière
pondérable, il faudra, pour employer un terme juste,
l'appeler matière impondérable. Que dans le langage
courant on dise éther d'une part et matière de l'autre,
soit : nous continuerons à le faire, comme nous l'avons
déjà fait, pour abréger le discours ; mais nous aurons
montré du moins ce que nous mettons sous ces mots,
et nous aurons prouvé qu'on doit admettre l'impondé-
rabilité de l'éther sans songer à en faire pour ce fluide
un titre d'immatérialité. Ajoutons même qu'il y aurait
un réel avantage à faire disparaître le terme d'éther,
qui risque de rester toujours entaché de mysticisme.

Nous. avons représenté l'éther comme un ensemble d'atomes qui se choquent et rebondissent dans tous les sens. Ici une objection capitale se présente, et il faut que nous l'abordions. Comment rebondissent ces atomes ? Sont-ils donc élastiques ? L'idée d'atome et celle d'élasticité sont incompatibles. On comprend l'élasticité d'une molécule composée : les différentes parties de la molécule, choquées par un corps extérieur, se déplacent en se comprimant, puis reprennent leur position en rendant l'impulsion qu'elles ont reçue. Ce mécanisme suppose un vide à l'intérieur de la molécule ; mais l'atome est impénétrable, indivisible, il ne renferme pas de vide. Il y a là une sérieuse difficulté. Huyghens, il faut le dire, prêta aux atomes de l'éther une force élastique ; qu'entendait-il par là ? Il les regardait donc comme des corpuscules composés ? Mais alors la difficulté n'était que déplacée. Heureusement la mécanique est venue éclairer ce problème, et les belles recherches de Poinsot sur les corps tournants expliquent comment les atomes éthérés peuvent, sans être élastiques, rebondir les uns sur les autres.

Il suffit, pour comprendre cet effet, de supposer qu'outre leur mouvement de translation ils possèdent un mouvement rotatoire.

Des théorèmes formulés par Poinsot il résulte qu'un corps dur et non élastique peut, s'il tourne, être renvoyé par un obstacle absolument comme un corps doué d'élasticité ; il y a mieux, il a souvent, après le choc, une vitesse beaucoup plus grande qu'avant, parce qu'une partie de la rotation s'est changée en translation. En général, quand un corps tournant vient choquer un obstacle, il ne peut pas perdre à la fois ses deux mouvements; tout au plus le peut-il dans quelques cas théoriques dont nous n'avons pas à tenir compte ici. Si le choc passe par le centre de gravité du corps, il pourra arrêter la translation, mais non la rotation; s'il est excentrique, il pourra arrêter la rotation, mais non la translation. Les deux mouvements se transformeront d'ailleurs partiellement l'un dans l'autre, de manière à produire les phénomènes les plus variés.

Le jeu de billard a rendu familiers quelques-uns de ces effets; on y voit comment la rotation d'une bille intervient pour en modifier, dans un choc, la direction et la vitesse. Dans l'exemple que nous citons, l'élasticité se combine avec la rotation; mais il suffit d'abstraire ce dernier phénomène, de le considérer isolément, pour concevoir comment les atomes éthérés peuvent rebondir sans être élastiques.

Entrons un peu plus avant dans la notion de ces mouvements : nous allons voir l'hypothèse de la rotation des atomes éthérés expliquer, au moins dans une certaine mesure, un phénomène d'une importance capitale et que nous avons déjà mentionné.

L'ondulation de la lumière, avons-nous dit, se propage dans le sens normal au rayon lumineux, et nous avons fait remarquer qu'elle diffère en cela de l'ondulation sonore qui a lieu dans le sens même de la propagation du son. Le mode suivant lequel se propage l'onde lumineuse n'a rien qui doive nous étonner, et nous en trouvons maint exemple dans la nature. Si on laisse tomber une pierre dans l'eau, on voit l'eau onduler perpendiculairement à la direction de la chute. Dans ce cas, il est évident que le liquide ébranlé par la pierre se meut dans le sens où il rencontre la moindre résistance. C'est une raison semblable que Fresnel alléguait au sujet du mouvement lumineux. « Je pense, dit-il, que l'ébranlement est communiqué à l'éther longitudinalement, c'est-à-dire dans le sens du rayon, mais que l'éther a une nature telle qu'il ne peut obéir à l'impulsion que par une vibration latérale. » Cette indication vague va se préciser d'une façon piquante, si l'on suppose que les atomes de l'éther tournent sur eux-mêmes.

Nous savons par la mécanique que si un corps tournant reçoit un choc perpendiculaire à l'axe de rotation, le centre de gravité du corps est transporté latéralement par rapport à la direction du choc. Choquez une toupie qui tourne, elle s'échappera sur le côté. Il y a même à ce sujet une expérience connue. On met une toupie sur un plan horizontal, et, pendant qu'elle *dort*, on incline le plan du sud au nord, la toupie se meut aussitôt de l'est à l'ouest ; si l'on incline le plan de l'est à l'ouest, elle se meut du sud au nord. Ainsi la composante de la gravité fait marcher la toupië dans·le sens normal à cette composante même. Le phénomène n'a lieu, bien entendu, que si la toupie tourne, et rien de semblable ne se manifeste si elle est en repos.

Placés à ce point de vue, nous comprenons sans peine comment la rotation des atomes éthérés rend compte de leur déplacement latéral dans l'ébranlement lumineux; leur vibration transversale nous apparaît non plus seulement comme possible, mais bien comme nécessaire.

C'est au livre du père Secchi, à l'*Unité des forces physiques*, que nous empruntons cette explication. Le parti que le savant abbé tire de la rotation des atomes éthérés n'est pas un des côtés les moins intéressants de son travail. Mais puisque nous en sommes venu à parler avec quelques détails du mouvement transversal de la lumière, nous ne pouvons résister au désir de placer, en face des indications données par le père Secchi, les vues que M. de Boucheporn présente sur le même sujet dans son *Principe général de la philosophie naturelle*. Cette digression interrompra l'exposé méthodique de nos idées; mais du moins nous aurons fait connaître à nos lecteurs, par un exemple brillant, ces conjectures hasardeuses qui sont propres à M. de Boucheporn et dont il sait, avec un art infini, trouver la vérification dans les faits. En voyant d'où il part et où il arrive, on demeure séduit, mais non convaincu.

M. de Boucheporn attribue l'ondulation transversale

au frottement de l'éther contre la surface tournante du soleil. Cette hypothèse lui fournit tout de suite l'explication du phénomène des couleurs, et il en trouve la confirmation dans l'examen des longueurs d'ondes qui caractérisent les teintes principales du spectre. Suivons-le dans son raisonnement.

Si c'est la rotation du soleil qui ébranle les atomes éthérés suivant une tangente à son mouvement, cet effet doit se produire d'une manière très-diverse aux différents points du méridien solaire; il décroît nécessairement en énergie depuis l'équateur du soleil jusqu'aux pôles. A l'équateur, le frottement est dans toute sa force, tandis qu'il est nul à l'extrémité polaire. Entre l'équateur et le pôle, son énergie va décroissant comme les rayons des parallèles ou comme les *cosinus* des latitudes. M. de Boucheporn suppose, dès lors, que les différences des longueurs d'ondes, c'est-à-dire les différences des couleurs, correspondent à des impulsions données suivant des parallèles différents. Quels seront les parallèles qui caractériseront les diverses couleurs? M. de Boucheporn cherche aussitôt quels sont ceux qui présentent des particularités remarquables, ceux dont les lignes trigonométriques, les *sinus* et les *cosinus*, ont les rapports les mieux définis avec l'unité. Il en trouve huit, et il assigne à chacun d'eux une des teintes du spectre, le rouge étant placé à l'équateur. Il dresse ainsi le tableau suivant, où les *cosinus* des latitudes choisies se trouvent en regard des teintes qui leur sont attribuées :

	Cosinus des latitudes solaires.
Violet..	0,33
Indigo......................................	0,50
Bleu......................................	0,60
Vert......................................	0,70
Jaune......................................	0,80
Jaune-orangé. (Fresnel avait pris ces deux points)	0,87
Orangé-rouge. (de repère au lieu de l'orangé seul. (	0,93
Rouge......................................	1,00

Il s'agit, dès lors, de vérifier si ces valeurs numériques sont proportionnelles aux longueurs d'ondes, dont la détermination a été faite par Fresnel avec une si admirable précision. Ici M. de Boucheporn fait remarquer que, dans son hypothèse, les valeurs expérimentales de Fresnel représentent la somme de deux effets : la translation du soleil exerce un frottement comme sa rotation. Le premier de ces deux effets peut être éliminé en retranchant un nombre constant des valeurs données par Fresnel, et dès lors ces valeurs prennent la forme suivante, si l'on adopte pour unité la longueur de l'onde rouge :

	Longueurs d'ondulation.
Violet........................	0,396
Indigo........................	0,518
Bleu........................	0,600
Vert........................	0,696
Jaune........................	0,800
Jaune-orangé........................	0,865
Orangé-rouge........................	0,932
Rouge........................	1,000

Si l'on rapproche les deux séries numériques qui précèdent, on trouvera entre elles la concordance la plus parfaite que l'on puisse demander à des déterminations expérimentales.

Les vues de M. de Boucheporn prennent surtout un aspect saisissant, si l'on considère les trois couleurs principales du spectre solaire, le bleu, le jaune et le rouge, qui peuvent composer la lumière blanche sans le secours des teintes intermédiaires. Pour ces trois couleurs fondamentales, les valeurs de l'une et de l'autre série sont rigoureusement comme les nombres 3, 4 et 5, et non-seulement ces nombres présentent un rapport tout à fait simple, mais ils sont les seuls qui satisfassent simplement à une autre condition caractéristique ; le carré de l'un d'eux est égal à la somme des carrés des deux autres : $9 + 16 = 25$. C'est ce que M. de Boucheporn appelle la *loi des trois carrés*. Elle joue un grand rôle dans ses théories, et nous ne pouvons laisser d'en apprécier l'importance. Les mouvements qui frappent nos sens se groupent d'autant mieux que sont plus simples les nombres qui les expriment; en même temps, l'intensité de nos sensations est en relation avec les carrés de ces nombres : nos sens sont donc appelés à juger de la double condition qui est remplie quand ces nombres et leurs carrés présentent des rapports très-simples. On peut voir là, avec M. de Boucheporn, une des harmonies de la nature.

Quant à l'explication générale qui vient d'être donnée au sujet du mouvement transversal de la lumière, on n'y aura vu, sans doute, qu'une brillante fantaisie,

et notre but principal en la mentionnant a été de justifier le jugement que nous avons porté, au commencement de cette étude, sur le livre de M. de Bouché-
porn. C'est, au contraire, une hypothèse très-plausible
et très-féconde que celle de la rotation des atomes que
nous avons empruntée au père Secchi, et il faudrait
bien se garder de mettre ces deux conceptions sur le
même plan.

Quelle que soit d'ailleurs la raison que l'on donne
du mouvement transversal de l'onde lumineuse, le fait
en lui-même est certain. Il a été mis en pleine évidence par le phénomène de la polarisation.

Quand un rayon d'une seule couleur, un rayon rouge,
par exemple, est réfléchi par une lame de verre sous
un angle de 36 degrés, il acquiert, par cette seule circonstance, des propriétés particulières. Si l'on présente
à ce rayon réfléchi un second miroir de verre, sous le
même angle de 36 degrés, et qu'on fasse tourner le
miroir dans toutes les positions qu'il peut occuper autour de cette incidence, on remarquera que le rayon
n'est plus réfléchi avec la même intensité dans toutes les
directions. Il y a un plan où la réflexion est *maxima*,
un plan où elle est presque nulle. Le maximum a lieu
dans le plan parallèle au plan de réflexion sur le premier miroir et que l'on appelle, en conséquence, plan
de polarisation; le minimum a lieu dans le plan qui
fait avec celui-là un angle droit. Si, au lieu de prendre
un rayon de couleur déterminée, comme nous l'indi-

quions tout à l'heure, on opère sur la lumière blanche, on obtient des résultats analogues, un peu moins nets seulement, parce que l'angle d'incidence sous lequel ils se produisent est un peu différent pour les différentes couleurs.

Quelle est donc cette modification que subit le rayon placé dans les conditions que nous avons dites? Pourquoi ne se comporte-t-il plus comme un rayon ordinaire? La vibration transversale va nous en donner la raison. Avant que le faisceau lumineux ne tombe sur la première lame, les ondes se propagent autour de lui transversalement dans tous les sens; elles divergent autour de cet axe comme les rayons d'une roue partent du moyeu. Au moment de l'incidence sur le miroir, le verre absorbe une portion des ondes et réfléchit les autres. Quelles sont principalement celles qu'il renvoie? Celles qui sont parallèles à sa surface, et qui ont ainsi moins de facilité pour la pénétrer. — Si nous poussons les choses à l'extrême pour rendre le phénomène plus intelligible, nous pourrons considérer le rayon réfléchi comme ne contenant plus que des ondes parallèles entre elles et à la surface du premier miroir. On dit alors que le rayon est polarisé, et ce terme, quoique inventé par Newton pour une hypothèse différente, exprime assez bien le fait. Qu'arrivera-t-il maintenant lorsque ces ondes, ramenées à une direction unique, viendront tomber sur la seconde lame de verre? Elles seront intégralement réfléchies au moment où le miroir leur sera parallèle, et elles seront, au contraire, absorbées de plus en plus à mesure qu'on fera tourner ce miroir. Tel est, dans son principe, le phénomène de la polarisation, et l'on voit qu'il s'explique sans difficulté, si l'on prend pour point de départ l'ondulation transversale.

Fresnel a même montré que, si deux rayons polarisés à angle droit viennent à être superposés, ils ne donnent aucun signe d'interférence, alors même qu'il y a entre eux une différence d'une demi-longueur d'onde. On le comprendra, si l'on se reporte à la notion fondamentale des interférences, et l'on ne sera point étonné que des vibrations, lorsqu'elles se produisent perpendiculairement l'une à l'autre, n'arrivent point à se détruire comme elles font dans les autres cas.

Si nous poussions un peu plus loin cette étude, nous pourrions montrer comment les données admises au sujet des mouvements lumineux ont successivement reçu d'éclatantes confirmations. Les principes posés, l'analyse mathématique en a développé les conséquences et l'observation est venue justifier ces résultats. C'est en poursuivant ce double travail que Fresnel s'est fait un nom glorieux : ses calculs, ses expériences, sont également mémorables ; on ne sait ce qu'il faut le plus admirer de la haute sagacité avec laquelle il a pressenti les faits, ou de l'habileté pratique avec laquelle il les a vérifiés. Dans aucune autre partie de la science, l'homme n'est encore arrivé si près des secrets de la nature et n'en a soumis les phénomènes fondamentaux à des mesures si précises.

IV

Que nous apprend l'étude de la lumière sur la constitution moléculaire des corps ?

En signalant quelques-unes des lois de l'optique, nous avons essayé de donner un corps à la notion de l'éther. On a vu comment les mouvements de ce fluide ont été analysés, mesurés. On a vu que l'éther, tout en étant impondérable, possède les propriétés de la matière. Dès lors, si nous reprenons le fil qui doit nous guider, si nous nous plaçons au point de vue d'où les phénomènes physiques apparaissent tous comme des échanges de mouvements, nous sommes amené à nous demander si l'on a pu préciser les conditions dans lesquelles les atomes de l'éther échangent

leurs mouvements avec les molécules pondérables.
Répandu dans les espaces stellaires, joignant entre
eux les globes célestes, l'éther pénètre aussi dans les
cavités les plus profondes de tous les corps et en baigne
les dernières molécules. Il n'y a ainsi aucun phénomène où il n'intervienne pour jouer, soit le rôle principal, soit au moins un rôle secondaire. Si donc on
pouvait connaître la masse et la vitesse des atomes
éthérés, la masse et la vitesse des molécules pesantes,
on aurait en quelque sorte la clef des sciences physiques. Celui du moins qui trouverait une liaison quelconque entre ces termes, qui pourrait saisir en quelque
point leur relation, celui-là ouvrirait une source fé-
conde de découvertes.

Est-il besoin de le dire? rien de semblable n'a été
trouvé jusqu'ici. Nous constatons par les résultats l'action réciproque de l'éther et de la matière ordinaire,
nous voyons un corps incandescent produire de la lumière, nous voyons cette lumière se convertir en
action chimique; mais dans aucun cas nous ne savons
réduire le phénomène à ses éléments mécaniques et
saisir sur le vif l'échange du mouvement.

Sur les distances mêmes des atomes entre eux et
des molécules entre elles, nous n'avons que des esti-
mations tout à fait grossières et contradictoires. On
suppose généralement que les vides laissés entre les
molécules pesantes sont énormes par rapport à leurs
dimensions. Thomas Young n'hésitait pas à affirmer
que les molécules de l'eau sont placées les unes par

rapport aux autres comme seraient cent hommes également répartis sur la superficie entière de l'Angleterre, c'est-à-dire éloignés l'un de l'autre de trente milles anglais. Toutefois les cristallographes sont loin de croire à des espacements si considérables. En ce qui concerne l'éther, Cauchy a déduit de calculs forts délicats que la distance des atomes se rapprocherait de la deux centième partie de l'onde rouge ; à ce compte, on trouverait trois cent mille atomes dans la longueur d'un millimètre. M. de Boucheporn, de son côté, croit pouvoir affirmer que les atomes éthérés sont tellement serrés les uns contre les autres que la somme du vide est réduite au vingtième de la somme du plein. En résumé, ces problèmes demeurent entiers, et la solution n'en est pas même ébauchée.

La lumière qui traverse les corps semblerait devoir nous renseigner sur les espacements moléculaires.

Il existe des substances transparentes dont les molécules laissent passer librement les ondes lumineuses sans que celles-ci perdent rien de leur mouvement. Parmi les corps transparents, un certain nombre sont colorés ; ils arrêtent ou absorbent seulement les ondes de certaines couleurs. Ainsi une solution de sulfate de cuivre laisse passer les rayons bleus et arrête au contraire les rayons rouges ; si l'on projette un spectre sur un écran à travers cette solution, on voit l'extrémité rouge du spectre tout à fait interceptée. Un morceau de verre rouge doit au contraire sa coloration à ce que sa substance peut être librement traversée par les ondes rouges, tandis que les ondes plus courtes s'y trouvent éteintes ; si on l'interpose sur le passage d'un faisceau lumineux, le spectre se réduit à une bande d'un rouge vif. Que l'on mette à la fois sur le passage du faisceau la solution de sulfate de cuivre et le morceau de verre rouge, ces deux corps transparents éteignent à la fois tous les rayons, et produisent une opacité complète. Tel autre corps, une solution de permanganate de potasse par exemple, éteindra tout à la fois les rayons rouges et les rayons bleus, et ne laissera passer que les jaunes, qui constituent la partie centrale du spectre.

Les corps divers exercent donc, par rapport aux ondes lumineuses, une sorte de pouvoir d'élection, éteignant les unes, laissant passer les autres. Ici ce sont les plus longues, là ce sont les plus courtes qui sont arrêtées ; ailleurs les plus longues ainsi que les plus courtes se trouvent arrêtées à la fois, et celles de longueur moyenne peuvent seules se frayer un passage. D'où vient cette différence ? Quelle règle préside à cette sorte de triage des rayons lumineux ? Nul doute qu'il ne tienne à la forme des molécules et à la nature de leurs mouvements. Nous ne savons guère en dire plus long. Les différents mouvements moléculaires semblent avoir des rhythmes propres en vertu desquels ils s'assimilent plus ou moins ceux des atomes éthérés.

Qu'il y ait ainsi dans les mouvements moléculaires

une sorte de rhythmique d'où résulte l'élection des couleurs, c'est ce que démontre d'une manière générale l'étude du spectre; mais on peut citer à cet égard quelques faits curieux et caractéristiques qui ont été signalés dans ces dernières années.

Qu'on projette sur un écran le spectre d'un corps solide fortement chauffé. Tant que le corps reste seulement incandescent, tant que ses molécules ne sont pas dégagées des liens de la cohésion, le spectre demeure continu; on n'y aperçoit ni raies obscures ni raies brillantes; les ondes de toutes les couleurs et de toutes les nuances intermédiaires se produisent à la fois. Si l'on chauffe plus fort, le corps va dépasser l'incandescence, il va entrer en combustion; alors les molécules deviennent libres, pendant un instant au moins. Alors aussi des raies brillantes et des raies obscures apparaissent dans le spectre. Les ondes par conséquent se renforcent sur certains points et faiblissent sur d'autres; elles reçoivent une nouvelle discipline.

Que ce soient les molécules mêmes du corps chauffé qui, dans leur état de liberté, impriment aux ondes ces modifications particulières, on n'en saurait douter, car chaque substance donne ainsi des raies tellement nettes et définies, que leur seul aspect suffit à la désigner.

L'acoustique nous fournit au sujet de ces phénomènes des analogies qui se présentent d'elles-mêmes à l'esprit : ce qui se passe quand le corps est incandescent peut être comparé aux bruits qui résultent d'ondes confuses et de toutes longueurs ; les effets produits par les molécules libres rappellent les sons harmoniques émis par des cordes dont aucun obstacle ne gêne la vibration.

Voici d'ailleurs un nouveau fait récemment découvert.

Nous venons de voir que chaque substance, en brûlant, donne ses raies propres. Quand on brûle du sodium par exemple, on observe une raie très-brillante dans la partie jaune du spectre, en un point nettement déterminé (raie D de Fraunhofer). Si maintenant, au lieu de brûler du sodium, on interpose de la vapeur sodique sur le chemin d'un rayon qui devrait donner un spectre continu, le phénomène est complétement renversé ; au point précis où il y avait tout à l'heure une raie brillante, on trouve une raie obscure. Ainsi la vapeur du sodium, quand elle sert d'écran, absorbe précisément les ondes mêmes qu'elle émet quand elle sert de source lumineuse.

Observé sur les vapeurs de l'iode, du strontium, du fer, ce fait a pu être généralisé ; il est connu maintenant sous le nom de *renversement du spectre ;* il montre que les corps tendent à la fois à absorber et à émettre les mêmes ondes.

Nous étonnerons-nous de cette double tendance, au point de vue où nous sommes maintenant placés, et n'y reconnaîtrons-nous pas la conséquence nécessaire des principes qui expliquent pour nous toute la physique? Dès l'instant que certains mouvements éthérés ont une facilité spéciale à se convertir en certains mouvements moléculaires, ceux-ci doivent aussi facilement subir la conversion inverse. La réciprocité des motifs nous garantit celle des phénomènes.

Si l'on a cherché le lien naturel de tous les faits que nous avons cités, on aura vu que dans leur ensemble ils viennent à l'appui de cette grande loi que nous avons entrepris d'exposer, et que nous avons désignée sous le nom d'unité des forces physiques ; mais on aura vu en même temps le défaut de la méthode que nous sommes réduit à employer. S'il s'agissait d'un système tout fait, nous pourrions le développer progressivement et passer sans lacune d'une partie à une autre. Loin de là, il s'agit d'un système entrevu, à peine ébauché, dont les éléments sont tellement incomplets qu'on peut les trouver insuffisants. Que pouvons-nous faire dès lors, sinon montrer quelques parties vivement éclairées en laissant dans l'ombre ce qui est obscur? De ces clartés disséminées, de ces lueurs fugitives, la conception de l'ensemble doit résulter.

L'excursion que nous venons de faire à travers l'acoustique et l'optique nous a montré les parties de la science où l'on a le mieux étudié les phénomènes de mouvement que nous voyons maintenant au fond de toutes choses. Les mouvements sonores, les mouvements lumineux, ont été vérifiés, mesurés, scrutés, dans tous leurs modes ; mais en revanche les effets mécaniques en ont été à peine entrevus. L'étude de la chaleur nous offrira un résultat contraire : les mouvements calorifiques sont tout au plus soupçonnés et demeurent fort mal connus dans leur nature propre ; mais les effets mécaniques en ont été démontrés par de splendides expériences et mesurés avec la dernière précision.

Le son et la lumière d'une part, la chaleur de l'autre, voilà deux sujets d'étude encore incomplétement explorés ; mais ces deux études se complètent l'une l'autre, et, dès qu'on les rapproche, on voit s'éclairer vivement cette notion en vertu de laquelle la nature ne nous présente plus que des mouvements transformables les uns dans les autres.

C'est à des rapprochements de cette sorte que notre thèse emprunte sa force principale. Voilà ce que nos lecteurs ne devront jamais perdre de vue pendant que nous continuerons à mettre le système de l'unité des forces physiques en présence des faits que l'expérience nous a fait connaître.

CHAPITRE III

LA CHALEUR.

I

Théorie dynamique et équivalent mécanique de la chaleur.

La théorie qui réduit le monde physique à la matière et au mouvement se présente avec des dehors si séduisants qu'elle excite une sorte de défiance. Habitués à la complication des apparences, nous nous étonnons de cette unité grandiose. Nous nous demandons avec inquiétude si nous ne sommes pas dupes du désir de tout simplifier. N'est-ce pas un mirage trompeur que cette hypothèse qui nous fait en quelque sorte entrevoir le plan de la nature ? Ne sommes-nous pas abusés par des généralisations fallacieuses ? ne sommes-nous pas entraînés à fausser les phénomènes pour les faire entrer de force dans le cadre d'une théorie préconçue? A ces questions, on ne peut répondre que par l'examen des faits, et c'est ainsi que nous avons entrepris une courte excursion à travers les diverses régions de la physique.

L'ordre naturel de ce travail nous conduit maintenant à nous occuper de la chaleur, et nous nous trouvons ainsi ramenés aux découvertes qui ont servi d'origine à la théorie de l'unité des forces physiques.

Ici notre tâche devient facile peut-être, mais, il faut le dire aussi, un peu ingrate. L'équivalence de la chaleur et du travail mécanique est devenue depuis trois ou quatre années une notion usuelle; des livres, des cours publics, des conférences, l'ont répandue dans le public; elle a été vulgarisée avec un grand zèle. Nous n'avons donc point à craindre que ce sujet soit étranger à nos lecteurs; nous craignons plutôt qu'on ne leur en ait trop parlé et qu'ils ne le regardent comme un lieu commun. Nous ne ferons donc que rappeler très-brièvement les principes de la thermodynamique, et nous nous attacherons plus particulièrement à mettre en lumière les conséquences que l'on en tire au sujet de la constitution des corps.

Mentionnons d'abord un livre qui présente sous une forme claire et agréable toutes les données essentielles de la nouvelle théorie de la chaleur. Il contient douze leçons professées par M. John Tyndall à l'*Institution royale* de Londres sur la *chaleur considérée comme un mode de mouvement.* Le cours a été fait en 1862; le livre a paru en France, traduit par M. l'abbé Moigno, en 1864, et il a été tout de suite apprécié à sa juste valeur par toutes les personnes qui s'intéressent au mouvement général des sciences. Il est impossible de donner à des leçons de physique plus de charme à la fois et de netteté que ne le fait M. Tyndall, dans l'ouvrage que nous citons. Le livre a conservé la forme de l'enseignement oral; on y suit la parole, les mouvements du professeur; on assiste aux détails, aux accidents mêmes des expériences. Il ne faudrait pas croire cependant qu'on se trouve en présence d'une improvisation reproduite par la sténographie. Beaucoup d'art se cache sous les apparences de ce procédé facile. M. Tyndall calcule habilement tous ses effets; les accidents n'arrivent dans ses expériences qu'à bon escient; ce sont d'heureux accidents qui se produisent juste à point, quand il veut saisir l'attention de son public, auditeurs ou lecteurs, et appeler brusquement les esprits sur quelque anomalie piquante.

Les expériences de M. Tyndall sont d'ailleurs conçues avec beaucoup d'habileté; il est depuis longtemps passé maître dans l'art de professer devant un nombreux auditoire. Il a imaginé des instruments ingénieux qui amplifient les résultats. Un des premiers, il s'est servi de la lumière électrique pour projeter sur des écrans l'image agrandie des phénomènes les plus délicats. Cette mise en scène, qui a fait le succès des cours de M. Tyndall, se retrouve tout entière adroitement conservée dans son livre.

Quant au fond même des leçons, le professeur traite son sujet à petits coups; il prend son temps pour faire naître successivement dans l'esprit de ses élèves les idées qu'éveille l'étude régénérée de la chaleur. « Souvenez-vous, leur dit-il, que nous entrons dans un fourré, et qu'il né faut pas vous attendre à marcher dans des sentiers lumineux. Nous devrons d'abord frapper au hasard dans les broussailles. » Quand il a ébauché le principe d'une conception nouvelle, « ne vous découragez pas, se hâte-t-il de dire, si mon raisonnement ne vous paraît pas tout à fait clair. Nous sommes encore plongés dans une obscurité relative; mais, à mesure que nous avancerons, la lumière se fera graduellement, et par un effet rétroactif elle éclairera nos ténèbres actuelles. » Et ailleurs : « Toutes les fois que dans les Alpes on se met en route pour une expédition difficile, le montagnard expérimenté commence par marcher d'un pas très-lent, afin que, lorsque l'heure réelle de l'épreuve sera venue, il se trouve aguerri et non épuisé par le travail accompli. Aujourd'hui nous tentons une ascension abrupte, et je vous propose de la commencer dans le même esprit de prudence, non avec la fougue de l'enthousiasme que la difficulté du travail éteint bientôt, mais avec un cœur patient et résolu qui ne reculera pas quand surgiront les obstacles. » Le professeur se conforme de tout point à ce programme excellent, et il met beaucoup d'art à préparer ses élèves aux notions abstraites qu'il veut leur donner.

Toutefois nous ne pouvons nous empêcher d'ajouter que les conclusions du livre restent incertaines et flottantes : l'œuvre ne se couronne pas d'une façon assez nette.

On sait l'histoire des travaux et des découvertes qui modifièrent successivement et précisèrent la notion de la chaleur.

Comme pour la lumière, deux théories se trouvèrent longtemps en présence : celle qui faisait de la chaleur une substance matérielle et celle qui n'y voyait qu'un mode de mouvement. La matérialité du calorique continua d'être admise beaucoup plus tard que celle de la lumière. Dans les dernières années du XVIIIᵉ siècle, Lavoisier et Laplace, présentant à l'Académie des sciences un mémoire qu'ils avaient rédigé en commun sur la chaleur, semblaient tenir la balance égale entre les deux opinions. « Nous ne déciderons point entre les deux hypothèses précédentes, disent-ils ; plusieurs phénomènes paraissent favorables à la dernière (celle du mouvement), tel est par exemple celui de la chaleur que produit le frottement de deux corps solides ; mais il en est d'autres qui s'expliquent plus simplement dans la première (celle de la matérialité) ; peut-être ont-elles lieu toutes les deux à la fois. » En réalité, ils abandonnèrent l'idée du mouvement sans en avoir tiré aucun parti, et revinrent à la théorie de la matérialité. Laplace surtout, après la période de son association avec Lavoisier, redevint un défenseur convaincu de cette dernière théorie, qui se trouva ainsi raffermie par une imposante autorité.

Un peu plus tard, dans les premières années de ce siècle, Rumford, esprit original, presque paradoxal, se prononça résolûment contre la matérialité du calorique. « Si la chaleur, disait-il, est une matière logée dans les pores des diverses substances, on pourra l'en faire sortir, comme on exprime l'eau d'une éponge, et un même corps ne pourra en émettre indéfiniment. » Ayant ainsi ramené la question à une expérience décisive, il faisait tourner une barre de fonte sur une autre barre semblable au milieu d'un liquide, et il montrait qu'il y avait dégagement de chaleur aussi longtemps que la barre tournait.

Les expériences de Rumford n'eurent point le retentissement qu'elles méritaient. Thomas Young paraît seul en avoir compris la portée ; dans un traité de physique publié en 1807, il exposa les travaux de Rumford et les rapprocha de ses propres découvertes sur la lumière ; mais les anciennes idées sur le calorique continuèrent à régner dans les esprits.

Vinrent les machines à vapeur, et toutes les questions relatives à la chaleur se trouvèrent de nouveau mises à l'ordre du jour. A ce moment, la matérialité du calorique était si peu contestée, que Sadi Carnot la prit pour base de ses célèbres *Réflexions sur la puissance motrice du feu* (1824). On sait comment, tout en partant de ce principe erroné, Sadi Carnot et son célèbre commentateur Clapeyron renouvelèrent la thermodynamique. Ils avaient appelé l'attention sur les causes qui font qu'une machine, brûlant du charbon dans son foyer, produit du travail sur son arbre. Ils eurent cette bonne fortune, que leurs raisonnements, leurs formules même purent être dégagés de l'erreur fondamentale qui les entachait et servir à fonder la théorie nouvelle de la chaleur.

En 1839, M. Seguin publiait une *Étude sur l'influence des chemins de fer* : la chaleur y était considérée comme un mouvement, et l'auteur donnait des indications très-justes sur la transformation de ce mouvement en travail ; mais ce sujet n'était qu'effleuré dans le livre de M. Seguin, qui avait spécialement en vue des questions d'économie sociale.

C'est entre les années 1840 et 1850 que se sont produits les mémorables travaux de MM. Mayer et Joule. L'un en Allemagne, l'autre en Angleterre, partis de considérations très-diverses et placés à des points de vue tout différents, ils arrivèrent en même temps à mettre en pleine lumière l'équivalence de la chaleur et du travail mécanique, et déterminèrent le rapport de cette équivalence.

Résultat immense ! ce fut comme un phare éclatant qui s'alluma au milieu des ténèbres de la physique quand on proclama ce fait précis : une calorie équivaut à 425 kilogrammètres, ou, en d'autres termes, la quantité de chaleur qui est nécessaire pour élever d'un degré la température d'un kilogramme d'eau peut aussi produire le travail qui consiste à élever 425 kilogrammes à la hauteur d'un mètre.

Cette découverte a depuis quinze ans ouvert à la science de vastes horizons. Il en sort comme une nouvelle philosophie de la nature. Une évolution se fait dans les esprits, dont nous voyons seulement l'origine, et ce sont les débuts de ce mouvement que nous essayons d'esquisser.

Toute incertitude a cessé sur la nature même de la chaleur, dès que l'équivalent mécanique en a été fixé. Qu'est-ce qui pouvait se transformer en mouvement d'une façon si régulière, sinon un autre mouvement? Sans doute, ni dans le jeu des machines à vapeur, ni dans aucun autre phénomène, on ne découvrait sur le vif le mode précis de la transformation; mais l'esprit en saisissait le principe avec conviction. On ne voyait pas le mouvement lui-même, mais on en percevait et l'on en mesurait les effets.

La chaleur est un mouvement, mais de quelle espèce?

Quelques physiciens ont d'abord imaginé qu'elle pouvait être due aux vibrations longitudinales de l'éther : ils savaient que l'éther, par ses vibrations transversales, produit la lumière; quant à l'action longitudinale, celle qui se produit dans le sens du rayon éthéré, on ne lui connaissait aucune propriété spéciale, et ils en disposaient pour lui attribuer les effets calorifiques. Cette conjecture, qui ne reposait sur aucune donnée sérieuse, n'a rallié qu'un très-petit nombre de suffrages et n'a guère été prise que pour un jeu d'imagination.

Dans les idées actuelles, la chaleur est un mouvement des molécules mêmes des corps. Toutes les molécules matérielles sont animées de mouvement ; elles se choquent sans cesse les unes les autres et maintiennent ainsi ou modifient leur état. C'est par leurs chocs que les molécules des corps nous font éprouver la sensation de chaleur, et c'est par l'intensité de ces chocs que nous déterminons les degrés de la température. Cette agitation perpétuelle des molécules constitue par elle-même le phénomène de la chaleur, mais elle peut naturellement se convertir en effets différents ; elle peut, quand les circonstances s'y prêtent, ébranler l'éther et produire de la lumière ; elle peut ébranler l'air et produire des sons ; elle peut se concentrer pour mouvoir des masses et produire ainsi ce qu'on appelle proprement du travail mécanique.

A vrai dire, les divers effets que nous venons de mentionner, — chaleur, lumière, ébranlement sonore, travail mécanique, d'autres effets du même ordre que nous ne mentionnons pas en ce moment, — ne sont que des manifestations diverses d'une même cause. Le mouvement dont chaque molécule est animée à un

moment donné constitue pour elle une sorte d'énergie
intrinsèque. La mécanique sait apprécier et mesurer
l'énergie dont se trouve ainsi doué un corps en mouvement. Le produit de la masse d'un corps par le carré
de sa vitesse constitue ce qu'on appelle sa *force vive*.
Ce produit n'a pas, à proprement parler, de représentation physique, et il n'offre d'abord à l'esprit qu'une
conception assez abstraite ; mais il prend une importance capitale par cette circonstance, qu'il équivaut
au double du travail que le corps peut produire en
perdant toute sa vitesse ; il donne donc la mesure de
l'effet dynamique que le corps en mouvement renferme
dans ses flancs. Nous pouvons dire maintenant, en
nous servant de cette notion, que toutes les molécules
matérielles possèdent à un instant donné une certaine
quantité de force vive. Elles peuvent en perdre une
partie, si elles produisent un travail, c'est-à-dire si
elles déplacent une masse; mais alors la force vive
qu'elles perdent se trouve emmagasinée dans le travail produit, et elle se régénère quand ce travail se
défait.

Considérons une machine à vapeur et négligeons
toutes les pertes de force ou de travail qui tiennent au
mécanisme lui-même ; ne songeons qu'au jeu théorique, idéal, de la machine. La vapeur d'eau se détend
en pressant le piston ; chaque molécule de vapeur perd
ainsi une certaine quantité de force vive ; ces pertes
accumulées font tourner l'arbre de couche, qui se
meut, par exemple, en élevant un poids. A la fin de

l'opération, toute la force vive que la vapeur d'eau a perdue se retrouve virtuellement dans le poids élevé. Si je coupe la corde qui soutient ce poids, il va tomber et reproduire par sa chute toute la force vive qui a été dépensée pour l'élever ; elle apparaîtra sous forme de chaleur au moment où le corps choquera la terre, et si l'on pouvait la recueillir et la restituer à la vapeur d'eau, on remettrait celle-ci dans l'état où elle se trouvait au début de l'opération.

Ce que nous indiquons dans cet exemple grossier se passe sans cesse dans la nature entière. Amener la force vive à l'état de travail et la régénérer ensuite, voilà tout le jeu de la nature.

II

**Les changements d'état dus à la chaleur fournissent
des indications sur la constitution des corps.**

Dès que l'on admet une agitation incessante des
molécules, on se rend compte des phénomènes qui se
produisent dans les corps quand ils passent de l'état
gazeux à l'état liquide et à l'état solide.

En règle générale, tous les corps sont susceptibles
de ces trois états : le gaz acide carbonique a été li-
quéfié et solidifié; l'eau nous apparaît sous forme de
glace et de vapeur ; les métaux nous sont connus à
l'état de fusion et de volatilisation Nous ne disposons
pas toujours de moyens suffisants pour faire passer
successivement chaque corps par les trois états; mais
nous pouvons cependant affirmer que nous les verrions

tous sous les trois formes si nos recherches pouvaient embrasser une échelle des températures assez étendue.

En règle générale aussi, on peut dire qu'il faut ajouter successivement de la chaleur à un même corps pour l'amener de l'état solide à l'état liquide, puis à l'état gazeux. La chaleur triomphe ainsi des liens qui enchaînent les molécules; elle combat ces forces attractives qui se manifestent au sein des corps, et qui conservent jusqu'ici pour nous un aspect si mystérieux.

A travers l'antagonisme qui se manifeste entre la chaleur et les forces attractives, a-t-on pu isoler le mouvement calorifique, le dégager des phénomènes qui le masquent, en déterminer le mode spécial et les lois? Hélas! non, pas encore. On peut dire cependant que l'étude des gaz a jeté sur cette question de vives clartés.

Comment faut-il concevoir l'état gazeux? Il est d'abord caractérisé par un espacement considérable des molécules. Ces molécules, animées d'une grande vitesse de projection, viennent tour à tour se heurter les unes contre les autres, ou contre les limites de l'espace qui les contient. N'ont-elles qu'un mouvement de projection? Elles ont aussi nécessairement un mouvement rotatoire, car si ce mouvement n'existait pas à un moment donné, il ne pourrait manquer d'être engendré par les collisions incessantes des diverses molécules : les chocs excentriques, ceux qui ne passent

pas par les centres de gravité, sont, en effet, de nature
à produire une rotation.. La rotation concourt avec
l'élasticité à faire rebondir les molécules les unes
contre les autres; elle pourrait même produire seule
cet effet, si les molécules, au lieu d'être composées,
n'étaient que de simples atomes. Une sorte d'état
moyen, de régime commun, s'établit ainsi dans le gaz;
si le mouvement faiblissait sur quelques points, il y
serait tout de suite renforcé par le reste de la masse
agitée. Chaque molécule rebondit d'ailleurs sans direction fixe, peut aller dans tous les sens, être projetée
successivement dans toutes les parties de la masse entière. C'est un état de liberté complet.

Remarquons que les distances moléculaires sont
considérables, considérables aussi les vitesses. Que devient dès lors cet effet qui doit se produire au moment
où deux molécules sont rapprochées pour se choquer,
cet effet qu'on attribue aux forces attractives, quelles
qu'elles soient? Cet effet s'annule pour ainsi dire : il
ne dure qu'un temps relativement très-court, puisque
les distances moléculaires sont très-grandes ; il n'a
qu'une action très-effacée, puisque les vitesses sont
énormes ; il devient si faible qu'on peut le négliger.
Ainsi dans les gaz, les forces attractives n'ont aucune
puissance. Le mouvement calorifique y reste sans antagonisme, et on peut l'y observer dans son intégrité.

Si nous refroidissons un gaz, si nous lui faisons
perdre une partie de sa force vive, l'énergie et l'ampli-

tude des excursions moléculaires iront en diminuant; il viendra un moment où chaque molécule sera comme emprisonnée par ses voisines et obligée d'osciller suivant une courbe fermée : le gaz sera devenu un liquide.

Par le fait seul du rapprochement des molécules, les forces attractives ont repris de l'empire et ont détruit en partie la mobilité du système; la gravité, trop faible auparavant, se fait maintenant sentir, et les molécules sont obligées de se grouper de manière à présenter une surface parallèle à l'horizon.

Le long de cette surface, elles ne sont engagées que par un de leurs côtés dans leurs nouveaux liens; de l'autre côté, leurs mouvements demeurent libres, et elles trouvent une facilité spéciale pour retourner à leur ancien état : une évaporation se produit donc par la surface.

Dans le reste de la masse d'ailleurs, les molécules jouissent encore d'une liberté relative; elles sont enfermées dans des orbites restreintes, mais leurs axes de rotation continuent à être dirigés dans tous les sens; elles peuvent ainsi en quelque sorte rouler les unes sur les autres.

De plus, les liens qui limitent leur excursion cèdent au moindre effort, et toute la masse peut être mélangée sans difficulté.

Continuons le refroidissement : les molécules se rapprochent encore ; elles entrent, comme on dit, dans la sphère d'action l'une de l'autre, et elles y demeurent; leurs axes de rotation se redressent et prennent une direction commune ; le corps est passé à l'état solide.

Dans ces conditions les molécules oscillent encore ; mais elles ne peuvent plus, sans effort extérieur, sortir du cercle où les retiennent leurs voisines.

En décrivant la manière dont les corps changent d'état, nous venons de mettre en scène les forces attractives. Après les déclarations répétées que nous avons déjà faites, nous pourrions presque nous dispenser de dire que ces forces ne sont pour nous que des symboles sous lesquels se cachent des phénomènes ordinaires de mouvement.

Nous serons amené, avant de terminer ce travail, à considérer dans leur ensemble ces forces attractives que nous admettons en ce moment sous bénéfice d'inventaire. Donnons cependant dès maintenant à leur égard une indication rapide, afin de ne pas rester en plein mystère.

C'est une conséquence nécessaire de la rotation des molécules qu'elles entraînent avec elles dans leur mouvement un certain nombre d'atomes éthérés ; elles sont ainsi enveloppées d'une sorte d'atmosphère dont le rayon peut varier suivant les circonstances, et qui représente à peu près ce que nous appelions tout à l'heure la sphère d'action des molécules. Tant que les atmosphères ne se touchent pas, nulle action de ce chef : c'est le cas des gaz. Si les molécules se rapprochent et que les atmosphères viennent à glisser l'une contre l'autre (c'est le cas des liquides), l'action commence, action purement mécanique, due à la rencontre des atomes éthérés. Si enfin les atmosphères entrent plus profondément les unes dans les autres, l'effet s'accuse plus énergiquement; les enveloppes éthérées qui se pénètrent se trouvent gênées dans leur marche et agissent pour rendre respectivement parallèles, comme il arrive dans les solides, les rotations des diverses molécules.

C'est un aperçu que nous donnons chemin faisant. Passons vite ; aussi bien nous ne voulons pas nous attarder à parler des liquides et des solides, dont la constitution demeure jusqu'ici fort obscure. Il nous suffit d'avoir montré comment les lois de cette constitution se rattachent aux lois, beaucoup mieux connues, qui régissent l'état gazeux. Grâce à cette solidarité, les gaz nous offrent un type commode pour étudier le mouvement moléculaire, et nous pouvons arrêter sur eux notre attention pendant quelques instants encore, certains d'en tirer des enseignements applicables à toutes les formes de la matière.

III

Théorie des gaz.

La théorie des gaz, dont nous indiquions tout à l'heure le principe, a été fort travaillée dans ces dernières années et a donné lieu à un grand nombre de publications remarquables. Elle ne se présente pourtant pas comme une conception tout à fait nouvelle, car on pourrait en trouver l'idée fondamentale dans l'*Hydrodynamique* de Bernouilli, publiée en 1738 ; mais, enfouie dans l'ouvrage de Bernouilli, elle n'a guère revu le jour que depuis une trentaine d'années, et elle n'a reçu ses développements que par les travaux tout récents de M. Joule et de M. Clausius.

Nous ne pouvons suivre ici ces deux physiciens dans les déductions analytiques au moyen desquelles ils ont

donné à la théorie des gaz une admirable précision.
Nous pourrons du moins montrer comment l'hypothèse que nous venons d'esquisser sur la constitution
gazeuse rend compte des faits que l'expérience avait
successivement révélés.

Du simple énoncé de cette théorie, nous allons
voir sortir, [comme des conséquences nécessaires,
quelques-unes de ces lois célèbres qui forment les
premières assises de la physique.

Et d'abord il résulte de notre hypothèse que les molécules d'un gaz peuvent être considérées à chaque
instant comme se mouvant toutes en ligne droite avec
une vitesse uniforme commune à toute la masse ; nous
avons, en effet, éliminé les phénomènes perturbateurs
qui se produisent au moment des chocs. N'est-il pas
évident dès lors que, si le gaz est contenu dans un récipient, la pression qu'il exercera sur les parois sera
proportionnelle au nombre de ses molécules, c'est-à-
dire à sa densité ? Proportionnalité de la pression à la
densité, c'est, comme on voit, la loi de Mariotte.

Maintenant, à pression et à température égales, les
différents gaz contiennent, sous le même volume, le
même nombre de molécules. C'est un fait mis surtout
en évidence par les chimistes et qui peut se déduire
de notre hypothèse : puisque les actions moléculaires
proprement dites sont négligeables, on conçoit que les
molécules des différents gaz, douées de la même liberté, se rangent, toutes circonstances égales d'ail-

leurs, à des distances égales et se trouvent en même nombre sous le même volume. Un litre d'hydrogène, un litre d'oxygène, un litre d'azote, renferment ainsi un nombre uniforme de molécules. Qu'arrivera-t-il si l'on mélange deux gaz? Le même principe s'appliquera au mélange, puisqu'il n'y a pas d'action spéciale qui soit due aux rapprochements moléculaires, puisque la nature de la molécule paraît indifférente dans le phénomène. L'air atmosphérique se comportera à cet égard comme l'oxygène pur, comme l'azote pur. C'est la loi des mélanges gazeux signalée par Gay-Lussac.

Puisque l'espacement est le même, quelle que soit la masse des molécules, on doit prévoir qu'une même quantité de chaleur sera nécessaire dans tous les gaz pour élever d'un degré la température de la molécule élémentaire. On objectera peut-être que les molécules les plus pesantes recevront, de cette quantité de chaleur, une vitesse moindre : cela est évident ; mais il est évident aussi qu'elles ont besoin d'une vitesse moindre pour manifester cet effet que nous appelons un échauffement d'un degré. Nous voilà donc parvenus à ce résultat, que les molécules élémentaires des gaz différents sont échauffées d'un degré par une même quantité de chaleur, quelles que soient d'ailleurs leurs masses ou, comme disent les chimistes, leurs poids atomiques. Sous cette forme, on reconnaît une loi célèbre à laquelle Dulong et Petit ont donné leur nom.

Gay-Lussac a établi, comme on sait, que le coefficient de dilatation est uniforme pour tous les gaz. Or, n'est-ce pas là une suite naturelle des faits que nous venons d'exposer ? Ces molécules, qui toutes se placent d'elles-mêmes à la même distance et qui toutes absorbent une même quantité de chaleur pour accroître leur température d'un degré, ne doivent-elles pas toutes s'écarter également dans cet accroissement de température ? Les expériences de Gay-Lussac ont montré que le coefficient de cette dilatation uniforme est d'un 273e du volume primitif.

On pourrait continuer cet examen ; mais nous en avons dit assez pour montrer comment, de notre définition même des gaz, découlent les lois caractéristiques de l'état gazeux.

Les lois de Mariotte, de Gay-Lussac, de Dulong et Petit ont eu une destinée singulière. Trouvées à une époque où les procédés d'expérimentation étaient loin de la perfection qu'ils ont acquise depuis, elles furent d'abord regardées comme absolument exactes et applicables, en toute rigueur, aux différents gaz. Lorsque se produisit ce mouvement d'amélioration dans les méthodes expérimentales auquel s'attache en France le nom de M. Victor Regnault, ces lois, jusque-là si respectées, furent mises en défaut dans des cas nombreux ; on en vint à les suspecter, du moins on fut réduit à les considérer comme des formules empiriques qui représentaient seulement d'une manière approchée la marche générale des phénomènes. Aucune conception théorique ne rendait compte, en effet, des perturbations nombreuses que les mesures précises des physiciens mettaient en évidence. Mais maintenant nous voyons pourquoi les gaz n'obéissent qu'imparfaitement à la loi de Mariotte et à ces autres lois que nous venons de rappeler. Pour les établir, nous avons dû supposer que toutes les molécules pouvaient être considérées comme animées sans cesse d'un mouvement rectiligne et uniforme, et nous avons regardé comme insensible la durée des époques où ce mouvement était troublé. Si cette durée devient appréciable tout en restant très-petite, les raisonnements que nous faisions ne pourront plus être répétés en toute rigueur. On voit la source de tant de dérogations aux lois anciennes, on voit même que l'état gazeux parfait n'est, en quelque sorte, qu'un idéal qui n'est guère réalisé dans la pratique. L'hydrogène paraît y arriver tout à fait; l'oxygène et l'azote, par conséquent l'air atmosphérique, l'atteignent à peu près; mais déjà l'acide carbonique s'en écarte sensiblement. Quant aux vapeurs, elles ne se comportent comme des gaz qu'autant qu'elles sont très-loin de leur point de liquéfaction.

Il y a donc très-peu de gaz parfaits, mais ils nous fournissent des enseignements précieux en nous montrant la matière tout à fait dégagée de ces forces attractives qui compliquent les phénomènes moléculaires.

Quand nous chauffons un mètre cube d'air en laissant la pression constante, toute la force vive que le gaz reçoit est employée à augmenter son volume d'un

273e pour chaque degré de température. Quant au lieu de laisser la pression constante, nous empêchons le gaz de se dilater, quand, tout en le chauffant, nous l'obligeons à rester enfermé dans un mètre cube, toute la force vive acquise par l'air est employée à augmenter sa pression d'un 273e par chaque degré. Si la température initiale était celle de la glace fondante, à 273 degrés la pression de l'air a doublé.

La même loi se vérifie au-dessous de zéro : si, au lieu de chauffer le gaz, nous le refroidissons, sa pression va diminuant d'un 273e pour chaque degré. Si nous pouvions arriver à — 273 degrés, le gaz n'aurait plus aucune pression, il ne serait plus qu'un amas inerte de molécules dénuées de toute force vive. C'est ce qu'on a appelé le *zéro absolu* de température. Il y a là une sorte d'état limité auquel on ne peut point parvenir dans la pratique, et où tout mouvement moléculaire serait éteint.

Nous venons de considérer une certaine masse d'air, et nous avons supposé que nous l'échauffions d'un degré en lui permettant de se dilater de telle sorte que la pression restât constante ; nous avons ensuite supposé que nous l'échauffions d'un degré en l'obligeant à ne pas changer de volume. Faudra-t-il, dans les deux cas, pour produire cette même élévation de température, une même quantité de chaleur? Évidemment non. Sous volume constant, l'air n'a aucun travail extérieur à accomplir. Sous pression constante, il faut qu'il déplace l'obstacle extérieur qui s'oppose à sa dilatation; il a ainsi un véritable travail à produire. Dans ce second cas, il doit absorber un excédant de chaleur qui soit précisément l'équivalent du travail accompli. La capacité calorifique à volume constant et la capacité calorifique à pression constante diffèrent donc d'une façon notable. Pour l'air, elles sont dans le rapde 1 à 1,421. La différence de ces deux quantités représente ce qu'on appelait autrefois la chaleur latente de dilatation, et ce qui est pour nous l'équivalent exact du travail que l'air doit produire pour se dilater.

Nous pouvons même noter que c'est à cette dilatation de l'air, dont les conditions numériques sont depuis longtemps fixées, que le docteur Mayer demandait, dès 1842, une première détermination de l'équivalent mécanique de la chaleur. Le nombre que M. Mayer déduisit de cette donnée ne diffère pas sensiblement de celui qui a été adopté définitivement à la suite d'expériences de toute sorte.

L'air, avons-nous dit, produit un travail extérieur en se dilatant, c'est le cas ordinaire; mais il peut, dans des circonstances spéciales, se dilater sans avoir de travail à produire. Or, c'est le travail qui absorbe de la chaleur, et non point la dilatation elle-même; s'il n'y a point de travail dans la dilatation, elle n'est signalée par aucune absorption de chaleur.

Ce phénomène a surtout été mis en évidence par une expérience célèbre que M. Joule fit en 1845.

M. Joule prenait deux récipients égaux réunis par un tube à robinet ; dans l'un, il avait mis de l'air comprimé à vingt-deux atmosphères ; dans l'autre, il avait fait le vide. Ouvrant alors le robinet de communication, il laissait le gaz comprimé se répandre du premier récipient dans le second, et le système arrivait bientôt à un état d'équilibre sous une pression uniforme de onze atmosphères. Pour arriver à cet état, le gaz n'avait point eu de travail extérieur à faire, et M. Joule montrait que la température du système était la même au commencement et à la fin de l'expérience. Sans doute il y avait eu, à certains moments, des mouvements de température ; mais les pertes et les gains partiels se compensaient, et en dernière analyse l'absence de travail était marquée par une absence de variation dans la température.

L'expérience de M. Joule a été répétée par plusieurs savants, et notamment par M. Victor Regnault. Mais elle demande un haut degré de précision, et n'est point de nature à être reproduite dans une leçon de physique. M. Tyndall, dans son cours à l'*Institution royale*, en montre le résultat à l'aide d'instruments commodes et familiers.

Il prend d'abord une boîte où une certaine quantité d'air est comprimée, et il en ouvre le robinet pour permettre au gaz de s'échapper. Ici le gaz ne trouve plus le vide devant lui ; il doit pour se détendre chasser l'air extérieur ; il doit produire un travail, et ce n'est qu'en lui-même qu'il peut prendre la chaleur néces-

saire à cet effet : il y a donc refroidissement, et M. Tyndall rend ce résultat visible en dirigeant le jet sur la
face d'une pile thermo-électrique très-sensible (1) ;
l'aiguille du galvanomètre accuse le refroidissement du
jet gazeux. Au lieu de la boîte à air comprimé, M. Tyndall prend ensuite un vulgaire soufflet, et en le faisant
agir, il en dirige le jet sur la face de la pile. Ici le gaz
n'a pas à céder lui-même la chaleur nécessaire pour
refouler l'air extérieur ; la main de l'opérateur fournit
directement le travail ; elle le fournit même en excès,
et l'aiguille du galvanomètre, au lieu d'accuser un
refroidissement, signale une élévation de température.

La théorie de la chaleur se complète tous les jours,
mais elle est dès maintenant assez avancée pour offrir
un ensemble imposant. Si elle présente encore des
lacunes, des incertitudes, du moins les lignes principales en sont nettement arrêtées. Les mouvements
moléculaires qui constituent la chaleur ne sont pas
directement perceptibles à nos sens, mais on peut dire
qu'il s'en faut de bien peu. On les voit presque eux-
mêmes, tant leurs effets mécaniques sont maintenant
connus et précisés ! Quand la force vive passe des molécules à la masse d'un corps et revient de cette masse

____

(1) M. Tyndall a des piles thermo-électriques si sensibles que,
maintenues à une température de 10 ou 15 degrés environ, elles
accusent à une distance de vingt pas la chaleur que dégage le corps
d'un homme.

aux molécules, apparaissant ainsi successivement sous la forme de travail ou sous la forme de chaleur, on n'assiste pas, à vrai dire, à ces changements; mais on détermine si bien les phénomènes un peu avant et un peu après la transformation, qu'on croit la voir elle-même.

La thermodynamique est un champ suffisamment exploré, où les erreurs de route ne sont pas graves, où l'on est sûr, si l'on s'égare, de retrouver son chemin. Nous allons entrer dans une région beaucoup plus obscure et plus dangereuse en nous occupant des phénomènes électriques.

CHAPITRE IV

L'ÉLECTRICITÉ.

I

**Il est nécessaire de fixer l'unité électrique
et d'en chercher l'équivalent mécanique.**

Qu'est-ce que l'électricité? Que devons-nous penser
de cette conception vulgaire qui repose sur le jeu d'un
fluide positif et d'un fluide négatif? Y a-t-il réellement
deux fluides électriques? Y en a-t-il même un seul?

Nous posons ces questions; mais si l'on se reporte
aux prémisses de notre travail, on ne peut guère douter des réponses que nous allons y faire.

Et d'abord la dualité des fluides ne peut plus nous
apparaître que comme un symbole. Nous pouvons
même nous demander si elle a jamais eu les apparences de la réalité. Elle a tous les caractères d'une
fiction d'analyse, elle transporte immédiatement l'es-

prit dans les régions mêmes de la mécanique : c'est en mécanique qu'on appelle les mouvements positifs ou négatifs suivant qu'ils ont lieu dans un sens ou dans l'autre. L'hypothèse de la dualité des fluides se résout ainsi d'elle-même en une conception mathématique.

Y a-t-il du moins un fluide spécial auquel il faille attribuer les propriétés électriques? Il conviendrait sans doute d'apporter ici d'abord les éléments d'une réponse, et de ne décider cette question qu'avec réserve; mais nous n'en sommes plus à montrer que nous avons banni toute vaine prudence : nous n'hésitons donc pas à reléguer de prime abord le fluide électrique hors de la science et à l'envoyer rejoindre, parmi les défroques du passé, le fluide calorifique, le fluide lumineux et tant d'entités anciennes.

Quant au magnétisme, disons une fois pour toutes que nous pouvons le négliger, car l'enseignement classique a depuis longtemps ramené au même principe les phénomènes magnétiques et les phénomènes électriques : un aimant permanent ou temporaire est le siége d'une série de petits courants orientés dans une même direction.

Voilà le terrain déblayé, et la question se pose maintenant pour nous en ces termes : L'électricité est-elle un mouvement de l'éther? est-elle un mouvement de la matière pondérable? est-elle un mouvement de l'un et de l'autre? Enfin, quelle est la nature de ce mouvement?

Avant d'aborder ces problèmes, nous voulons signaler deux points importants, indiquer deux pas décisifs qu'il est urgent de faire dans l'étude de l'électricité.

Les phénomènes électriques ont été examinés avec beaucoup de soin depuis quelques années ; un grand nombre de petits faits ont été recueillis, mais ils ne présentent que confusion, ils ne se groupent pas et s'éclairent mal les uns les autres. Cet état de choses tient sans doute à la nature du sujet, mais il doit aussi être attribué en partie aux observateurs mêmes. Une condition essentielle, primordiale, manque aux recherches qui se poursuivent çà et là au sujet de l'électricité : on ne s'est pas encore entendu sur l'unité à laquelle il convient de rapporter les actions que l'on étudie.

Nous avons eu déjà l'occasion d'indiquer l'importance capitale qui s'attache en physique au choix des unités. Tout phénomène résulte de la coexistence d'un certain nombre de faits corrélatifs, et pour mettre en évidence la relation de ces faits, il faut représenter chacun d'eux, dans sa quantité propre, par une variable spéciale. Si l'on cherche, par exemple, à définir la trajectoire décrite par une planète autour du soleil, on pourra prendre pour élément de recherche, d'une part la longueur variable du rayon vecteur qui joint le soleil à la planète, et d'autre part l'inclinaison continuellement changeante de ce rayon sur l'axe du périhélie ; l'observation montrera dès lors entre ces deux quantités le rapport qui constitue l'équation de l'ellipse, et l'on pourra dire que la planète parcourt une orbite elliptique dont le soleil occupe un des foyers. Cependant il ne faudrait pas s'imaginer qu'un phénomène soit également facile à définir, quelles que soient les variables que l'on ait choisies pour l'étudier ; bien au contraire, ce choix exerce sur les résultats obtenus l'influence la plus décisive : avec telles variables vous n'arriverez qu'à des conséquences confuses dont vous ne pourrez tirer aucun profit ; avec telles autres, vous mettrez directement en lumière des lois précises.

On pourrait citer ainsi dans l'histoire de la physique bien des choix malheureux qui ont retardé d'importantes découvertes ; on peut citer aussi d'heureux hasards. Nous en trouverions au besoin un exemple dans la première des lois de Kepler, dont nous citions tout à l'heure la seconde. Lorsque Kepler chercha la loi du mouvement d'une planète sur son orbite, il prit pour variables, d'une part le temps, d'autre part les aires décrites par le rayon vecteur. Il eût été tout aussi naturel, plus naturel peut-être, de chercher une relation entre le temps et l'une des variables indiquées précédemment, c'est-à-dire la longueur du rayon. ou son inclinaison sur l'axe des apsides. Si Kepler eût pris ce parti, il n'eût trouvé aucune relation simple entre les valeurs numériques qui résultaient de ses observations et de celles de Tycho-Brahé ; la liaison de ces valeurs eût été dissimulée sous des relations si compliquées, qu'elle n'aurait pu être mise en évidence. Au contraire, grâce aux variables qu'il avait choisies, Kepler put remarquer facilement que les valeurs numériques qui représentaient les temps et celles qui représentaient les aires formaient deux séries proportionnelles. Ainsi était mise en relief cette grande loi de l'astronomie qu'on exprime en disant que les aires décrites par les planètes sont proportionnelles au temps, ou que les planètes décrivent des aires égales dans des temps égaux.

Un choix heureux des variables est donc, à vrai dire, une condition essentielle de succès, c'est presque la difficulté principale de toutes les recherches physiques. Combien cette considération n'augmente-t-elle pas encore d'importance quand il s'agit non plus des quantités qui servent à apprécier une loi particulière, mais de celles qui doivent servir de mesure à toute une classe de phénomènes !

On voit maintenant le premier pas que les électriciens ont à faire. Il faut qu'ils arrivent à une mesure commune et commode des actions électriques. Faute de s'être concertés à cet égard, ils travaillent chacun pour soi, ne peuvent coordonner leurs découvertes et n'arrivent pas toujours à se comprendre les uns les autres ; il y a entre eux une sorte de confusion des langues.

Qui la fera cesser ? qui fournira les bases d'une entente commune ?

Depuis cinq ans, l'Association britannique a fait pour y parvenir de louables efforts : l'Association britannique est, comme on sait, une société privée qui s'occupe, en Angleterre, de l'avancement des sciences, et dont l'attention vigilante se porte successivement sur tous les points où il y a urgence de faire des recherches. Pour favoriser les progrès de la télégraphie sous-marine, elle a nommé, dès 1862, une commission qui a considéré dans son ensemble la question de la mesure des phénomènes électriques et proposé une solution acceptable à la rigueur, quoique fort compliquée (1).

En France, ce problème ne paraît même pas être à l'ordre du jour. Nous avons bien aussi une association pour l'avancement de la physique du globe, mais ses

____

(1) Une première commission avait été instituée en 1861. Elle avait pour but spécial de fixer un *étalon de résistance* qui permît d'apprécier, au point de vue de la transmission électrique, la valeur des câbles sous-marins fabriqués dans les usines anglaises. Les travaux de l'Association Britannique n'ont donc pas été sans influence sur les admirables perfectionnements qu'a reçus en Angleterre l'industrie de la fabrication des câbles, et qui ont permis récemment d'établir entre l'Europe et l'Amérique une communication télégraphique. La commission de 1861 fut remplacée par une nouvelle commission nommée en 1862, et où figurent MM. Wheastone, Thomson, C. W. Siemens et Charles Bright. Cette nouvelle commission n'a pas borné son travail à la mesure des résistances ; elle a envisagé la question générale des unités électriques, cherchant à les lier étroitement avec les unités employées en mécanique. Des expériences ont été faites à King's College pour déterminer le degré de précision qu'on pourrait obtenir dans la pratique en appliquant les vues théoriques de la commission. Le résultat de ces travaux est consigné dans un rapport rédigé par M. Fleeming Jenkin, et que la commission a publié en faisant une sorte d'appel au monde scientifique.

membres paraissent n'avoir plus rien à désirer quand on leur a montré tous les mois la lune à l'Observatoire.

Aussi bien, que la question des unités électriques soit tranchée de ce côté-ci de la Manche ou de l'autre, l'étude de la chaleur indique nettement l'esprit de la solution qui doit intervenir. Tant que l'on n'a considéré les effets calorifiques qu'au point de vue des variations du thermomètre, on est resté en dehors des phénomènes mêmes, on n'en a pas connu l'essence. La température n'est qu'une des particularités de la chaleur. J'ai un kilogramme d'eau à 100 degrés ; il absorbe, s'il se vaporise librement à l'air, l'énorme quantité de 536 calories, et le kilogramme de vapeur qui en résulte est encore à 100 degrés (1). Entre les mouvements qui ont lieu dans l'intérieur des corps et les variations

(1) On fait quelquefois dans les cabinets de physique une expérience fort élégante, qui montre que des corps différents, tout en étant à la même température, contiennent des quantités très-diverses de chaleur. On suspend à l'aide d'un support quelconque un gâteau de cire d'abeilles épais de 12 millimètres environ. On prend ensuite un vase d'huile bouillante, et l'on y plonge des billes de métaux différents et de volume égal, des billes de fer, de cuivre, d'étain, de plomb et de bismuth par exemple. Ces billes ayant pris toutes la même température, celle du liquide bouillant, on les tire de l'huile et on les place à la fois sur le gâteau. Elles s'enfoncent dans la cire, mais avec des vitesses très-différentes. Le fer et le cuivre entrent vigoureusement dans la masse fusible, l'étain plus mollement ; le plomb et le bismuth demeurent en arrière. La bille de fer traverse la cire de part en part et tombe la première ; celle de cuivre la suit ; les autres restent en chemin, incapables de percer le gâteau, et s'y arrêtent à des profondeurs différentes dans l'ordre de leur capacité calorifique.

qu'ils produisent sur une échelle thermométrique, il n'y'a que des rapports indirects et pour ainsi dire accidentels. L'étude de ces rapports n'a jamais pu donner que des connaissances vagues et confuses : les véritables progrès ont commencé le jour où l'on a rapporté les phénomènes calorifiques, non plus seulement aux degrés du thermomètre, mais à une unité intrinsèque, à la calorie, c'est-à-dire à la quantité totale de chaleur qui est nécessaire pour produire un certain effet net et facile à apprécier.

Jusqu'ici le galvanomètre a servi presque seul à la mesure des phénomènes électriques. Or, nous pouvons le noter en passant, le galvanomètre est un instrument beaucoup plus imparfait encore que le thermomètre. Le thermomètre du moins accuse directement, par des dilatations linéaires, cette partie du mouvement calorifique qu'il est appelé à constater. Le galvanomètre, qui n'accuse aussi qu'une portion des effets électriques, a de plus le désavantage de ne les manifester que par la déviation angulaire d'une aiguille : il faut donc comparer des angles, c'est-à-dire apprécier des sinus, des tangentes ; déjà placé en dehors des faits, l'observateur les trouve encore masqués par des fonctions trigonométriques.

Il y a donc urgence à rentrer au cœur même des phénomènes ; il faut, dans toutes les études qui se poursuivent, prendre pour notion primordiale l'*électrie*, c'est-à-dire la quantité d'électricité nécessaire pour produire un effet déterminé.

Quel effet choisira-t-on désormais pour type? C'est une question à discuter. Supposons, uniquement pour fixer les idées, qu'on choisisse la décomposition volta-métrique d'un kilogramme d'eau. L'électrie étant ainsi déterminée, on s'efforcera d'exprimer, à l'aide de cette unité fondamentale, les divers phénomènes électriques qui jusqu'ici ne sont spécifiés que par des circonstances particulières, tantôt par l'intensité du courant, tantôt par la chaleur qu'ils développent. Au lieu de s'arrêter à des effets partiels, on se rapprochera de l'ensemble des faits. Il se fera dès lors un triage naturel dans cet amas incohérent d'observations que présente aujourd'hui la science électrique; les lois isolées se grouperont, et leur sens intime apparaîtra.

Choisir l'électrie, voilà le premier progrès que les électriciens ont à réaliser, et voici le second : déter-miner l'équivalent mécanique de l'électricité, cher-cher à combien de kilogrammètres équivaut une électrie.

On voit en ce moment, par un exemple caractéris-tique, l'utilité d'une hypothèse qui embrasse l'ensem-ble des phénomènes naturels et les ramène à un même principe. Elle peut guider le physicien dans les ré-gions mal connues qu'il explore; elle lui enseigne la voie qu'il doit suivre à travers les dédales des faits par-ticuliers.

Notons cependant que, pour faire les deux pas que nous indiquons, il n'est pas nécessaire que l'on ait une vue préalable sur la nature même de l'électricité. Si nous consultons l'histoire de la chaleur, nous verrons que l'idée de la calorie n'a point été propre à ceux qui regardaient la chaleur comme un mouvement; on pourrait même remarquer que cette unité a un air suspect, et qu'elle sent en quelque sorte la doctrine de la matérialité du calorique. L'équivalence de la chaleur et du travail mécanique a été aussi établie en dehors de toute théorie. C'est une notion prudente et éclectique que celle d'équivalence; elle n'implique pas d'idée préconçue sur les faits que l'on compare; ils s'équivalent, voilà tout. Dès que l'on est certain que l'on compare deux mouvements, les mots d'équivalent, d'équivalence, deviennent pour ainsi dire insuffisants, et l'on a le droit de recourir à des termes plus énergiques.

Fixer l'électrie d'abord et ensuite en déterminer l'équivalence mécanique, voilà donc les deux points où doivent avant tout porter les efforts des électriciens et que nous avions à cœur de signaler. Après avoir donné ces indications générales, il nous reste à montrèr ce que l'expérience nous apprend dès maintenant sur les conditions qui particularisent le mouvement électrique.

II

Le courant électrique paraît être un transport
de la matière éthérée.

Les préliminaires que nous venons de poser montrent assez que nous sommes loin de posséder à l'égard des phénomènes électriques une théorie générale.

Ce n'est pas que nous manquions de données expérimentales. Les observateurs ont mis à notre disposition un nombre considérable de faits ; on pourrait dire même qu'ils en ont mis trop, puisque les lois particulières qu'ils ont établies ne sont pas ramenées à quelques groupes principaux ; elles ne présentent chaque phénomène que par une seule facette, et elles n'ont pour la plupart qu'une signification obscure ou banale.

Cependant de l'ensemble de ces observations confuses nous conclurons que le mouvement électrique consiste en un véritable transport de matière; le mot *courant*, employé dans le langage usuel, correspondrait ainsi à la réalité des phénomènes.

Une considération décisive peut être invoquée à l'appui de cette opinion. Si les deux pôles d'une pile sont réunis par un conducteur à section variable, l'intensité du courant, mesurée par ses effets galvanométriques, est la même dans toutes les parties de ce conducteur; là où le conducteur se rétrécit, le courant devient plus rapide, de telle sorte que toutes les sections donnent passage dans un même temps à la même quantité d'électricité. Cette particularité est facilement rendue visible par ses effets calorifiques ou lumineux. On sait que, si un fil très-fin est interposé sur le passage d'un courant, il rougit et s'échauffe jusqu'à se fondre. On connaît aussi les expériences qui se font au moyen des tubes de Geissler : ce sont des tubes de verre où l'on raréfie l'air et que l'on place sur le passage du courant, pour que l'électricité les traverse sous forme de gerbe lumineuse; or, si l'on prend un tube de Geissler inégalement large dans ses diverses sections, on constate facilement que la gerbe devient d'autant plus lumineuse, qu'elle est plus resserrée. Dans ce fait que le mouvement augmente à mesure que la section se rétrécit, on retrouve une loi fondamentale de l'écoulement des fluides, loi connue depuis Léonard de Vinci. Ce fait seul exclut l'idée que l'électricité puisse être due à de simples vibrations; il ne se présente en effet dans aucun des mouvements vibratoires que nous connaissons, qu'ils soient longitudinaux comme ceux du son, ou transversaux comme ceux de là lumière. Lorsque ces divers mouvements rencontrent un obstacle qui rétrécit le milieu où ils se produisent, ils se réfléchissent dans la masse du milieu, mais ils ne se pressent pas dans le pertuis ouvert devant eux ; ce sont les fluides animés d'un mouvement de transport qui se précipitent ainsi dans les passages étroits. Lorsqu'une barre est chauffée par une source calorifique, on ne voit pas que la température soit plus élevée dans les endroits où la barre est plus étroite. Il en est autrement quand l'échauffement de la barre est produit par l'électricité, puisque, comme nous venons de le rappeler, des fils très-fins placés dans le circuit d'un conducteur ordinaire peuvent être rougis et fondus.

Voilà donc, dès l'abord, par un fait fondamental, le mouvement électrique assimilé à l'écoulement d'un fluide. Cette analogie se poursuit à travers toutes les particularités que l'expérience a mises en lumière.

La pratique de la télégraphie a notamment fourni de nombreuses indications dans ce sens. Un fil télégraphique est comme un tube qu'il s'agit de remplir ; la pile est comme un réservoir qui remplit le tube plus ou moins facilement, suivant que lui-même est plus ou moins plein. Le fil est-il chargé ou à demi chargé, si l'on met à la terre l'extrémité qui communiquait avec la pile, une partie de la charge revient en arrière : c'est ainsi qu'un fluide s'écoule d'un tube ouvert par les deux bouts. Rien de semblable n'aurait lieu dans le cas d'un mouvement vibratoire ; un pareil mouvement, quand la cause qui l'a produit vient à cesser, ne retourne pas en arrière, mais continue tout entier dans le sens où il a commencé.

C'est à des enseignements du même ordre que l'on est conduit, si l'on considère la durée de la propagation du courant, c'est-à-dire le temps nécessaire pour que le courant atteigne dans toute l'étendue du fil un régime uniforme. Cette durée croît à peu près comme le carré de la longueur du fil, et c'est encore là une loi qui rappelle le transport d'un fluide. Cette durée varie en raison inverse de la section, et cela seul montre qu'il ne s'agit pas d'une vibration ; un mouvement vibratoire, en effet, prend son régime uniforme également vite dans un tube large et dans un tube étroit, comme on peut le vérifier pour le son.

Mais quel est ce fluide dont le transport constitue le courant électrique ?

Est-ce par hasard la matière pondérable elle-même, réduite à l'état de vapeur, ou du moins amenée à un état de subtilité, qui lui donne les propriétés des fluides ? Non, sans aucun doute. Et d'abord rien ne permet de supposer que le passage d'un courant dans un fil en augmente le poids. Si d'ailleurs le flux électrique était un transport de matière pondérable, si la matière même des conducteurs était transportée, on devrait s'en apercevoir lorsque deux fils hétérogènes se continuent l'un l'autre, lorsque le courant, après avoir traversé un fil de cuivre par exemple, passe dans un fil de fer; le cuivre devrait laisser des traces de son passage dans la masse du fer, ou réciproquement. L'observation n'a fait connaître aucun fait de ce genre, si ce n'est pourtant au point même de jonction des deux métaux; mais là, on le conçoit, le transport de la matière n'est qu'un accident, un phénomène accessoire, une circonstance toute locale que nous pouvons écarter sans scrupule.

Nos conclusions dès lors ne se posent-elles pas d'elles-mêmes? Ce fluide qui se transporte dans le conducteur n'est autre que la matière impondérable que nous connaissons sous le nom d'éther. Le mouvement électrique de l'éther n'est point d'ailleurs un mouvement vibratoire; c'est un véritable flux, un transport réel.

Nous ne pourrons que nous confirmer dans ces vues, si nous examinons encore rapidement quelques-unes des particularités que présentent les courants.

L'étincelle électrique a été fort étudiée; elle offre un sujet piquant d'observation. Les physiciens ont toujours eu l'espoir d'y trouver sous une forme saisissante des enseignements directs sur la nature de l'électricité. Ils ont surtout observé l'étincelle qui sort des machines statiques; mais leurs conclusions pouvaient légitimement s'étendre à celle que produisent les courants.

Il faut le dire, l'étude de l'étincelle a fourni pendant longtemps des arguments trompeurs; elle a surtout servi aux partisans de la théorie des deux fluides. En voyant cette étincelle, compacte et brillante aux deux pôles, plus large et plus terne en son milieu, on croyait saisir sur le vif la combinaison de fluides différents : voici, disait-on, le fluide positif qui sort d'un pôle sous forme de panache, et voilà le fluide négatif qui sort de l'autre sous forme d'astérisque. Pour nous, l'éclat des deux pôles provient bien de l'agitation qu'y suscite le flux électrique; mais le flux peut également produire cet effet en sortant d'un côté et en entrant de l'autre.

Cependant, pour prouver qu'un fluide sortait à la fois des deux côtés, on faisait une expérience qui semblait décisive. On forçait l'étincelle à percer plusieurs feuilles de papier, et l'on montrait que les bords du papier étaient renversés, les uns vers le pôle positif, les autres vers le pôle négatif : résultat fallacieux et d'où l'on ne doit rien conclure sur le sens du flux électrique à chaque pôle. Dans des cas nombreux, un corps percé par une pression présente des bords renversés dans le sens opposé à celui où la pression s'est produite; il semble alors que le corps perforant ait, dans la seconde partie de la perforation, exercé une sorte d'action de recul. Le renversement symétrique qu'on observe dans les feuilles traversées par l'étincelle ne permet donc pas de conclure au passage d'un double fluide.

Au contraire, les récents progrès de la spectroscopie mettent en évidence l'unité du mouvement : on a constaté que le spectre de l'étincelle dépend de la nature du métal qui forme le pôle positif, tandis qu'il reste invariable, si l'on change la nature de l'autre pôle ; les particules métalliques entraînées par le courant montrent donc que le transport a lieu dans un seul sens.

Un autre fait important, c'est que l'étincelle est stratifiée : on y voit des couches superposées, il semble que le flux électrique n'y soit pas continu. Sans doute, il y a là un phénomène analogue à celui qui se produit quand nous voyons la fumée sortir d'une cheminée par bouffées successives. Lorsqu'un flux rencontre un obstacle, il produit pour le vaincre des poussées qui se superposent. Peut-être aussi la stratification de l'étincelle n'est-elle pas, comme le transport des parcelles métalliques, un accident purement local ; peut-être accuse-t-elle un état de choses qui se produit dans toute l'étendue du conducteur. Il faudrait dire alors que le transport de l'éther a lieu par ondes successives ; mais ces ondes, qui accompagnent un mouvement de transport, ne devraient en aucune façon être confondues avec les ondes vibratoires dont la lumière et le son nous ont offert des exemples.

On voit qu'en ce moment nous faisons une réserve importante. Nous avons admis jusqu'ici que l'éther est réellement transporté d'un bout à l'autre du conducteur, que chaque atome engagé dans le circuit le parcourt dans toute son étendue. Il se peut au contraire que chaque atome ne soit soumis qu'à un parcours partiel, et que le courant se produise en quelque sorte par une série de relais plus ou moins rapprochés. Nous laisserons la porte toute grande ouverte à cette supposition, qui n'a rien d'incompatible avec ce que nous avons dit jusqu'ici ; mais, pour la simplicité du langage, nous continuerons à nous exprimer comme s'il s'agissait d'un fluide en mouvement dont tous les éléments accomplissent la totalité du parcours.

Il est enfin un dernier enseignement que l'on a souvent demandé à l'étude de l'étincelle, enseignement de haute conséquence et qu'elle n'a pu donner que d'une manière incomplète. L'étincelle se produit-elle dans le vide absolu ? En d'autres termes, le flux électrique, tout en n'étant qu'un mouvement de l'éther, peut-il exister en dehors de la matière pondérable ? On conçoit l'importance de cette question, à laquelle nous ne trouvons point de réponse dans les phénomènes généraux de la nature ; le soleil nous envoie de la lumière, nous n'en recevons pas directement d'électricité. Les expériences que l'on a multipliées pour savoir si l'étincelle passe dans le vide absolu sont très-controversées. Comment faire un vide absolu ? On cherche à purger un tube de toute matière pondérable, on le remplit à plusieurs reprises d'acide carbonique que l'on expulse à l'aide d'une machine pneumatique; puis on absorbe avec de la potasse les restes de l'acide; mais n'y a-t-il pas des vapeurs qui sortent des mastics, des soupapes de l'appareil, de la potasse elle-même? Comment s'affranchir de cette cause d'erreur? Aussi, nous le répétons, rien n'est moins certain que le résultat d'une pareille expérience. Les essais qui ont été faits tendent pourtant à prouver que l'étincelle ne passe pas dans le vide, et c'est d'ailleurs la conséquence à laquelle on est conduit par des considérations d'un autre ordre. Ce ne serait donc qu'au sein de la matière pondérable que pourrait se produire le mouvement électrique.

Portons maintenant notre attention sur les phénomènes d'où naissent les courants; nous en connaissons deux principaux, la chaleur et l'action chimique. Comment concevoir, dans l'un et l'autre cas, la naissance d'un courant? Si deux barres métalliques, une barre de bismuth et une barre d'antimoine, par exemple, sont soudées par l'une de leurs extrémités, et que l'on chauffe le point de jonction, un courant se produit dans l'arc extérieur qui réunit les deux métaux : tel est le principe de la pile thermo-électrique. Notez qu'il faut, au point que l'on chauffe, des métaux différents; une différence de section dans un conducteur homogène ne suffirait pas pour engendrer un courant : il faut des molécules hétérogènes. Qu'est-ce à dire?

Reportons-nous à l'hypothèse que nous avons faite pour expliquer comment les corps passent de l'état gazeux à l'état liquide et à l'état solide. Nous avons dû admettre que chaque molécule entraîne dans son mouvement de rotation une sorte d'atmosphère éthérée. Quand les molécules hétérogènes sont juxtaposées, ce sont des atmosphères d'épaisseur et de vitesse différentes qui se trouvent en présence ; et si un échauffement vient troubler leur équilibre, on conçoit que cette circonstance rende libre un certain nombre d'atomes éthérés. Ces atomes se précipitent dans le conducteur comme dans un canal et y forment le courant. Plus les atmosphères des deux éléments métalliques seront discordantes, plus ce phénomène aura d'intensité ; il ne se produira pas quand toutes les atmosphères seront semblables, c'est-à-dire quand il n'y aura qu'un seul métal en jeu. L'action chimique produit un effet analogue sur une plus grande échelle. Quand deux corps se combinent, les atmosphères moléculaires sont énergiquement troublées ; une distribution nouvelle de l'éther se fait violemment autour des nouvelles molécules, et ce brusque changement chasse un nombre plus ou moins grand d'atomes éthérés. Ainsi les différentes piles, la pile thermo-électrique comme celles qui sont basées sur une combinaison chimique, nous montrent, à l'origine même du courant, la naissance d'un flux d'éther.

Né dans la pile, ce flux se continue dans le conducteur, et si nous considérons l'ensemble du circuit ainsi formé, il nous sera facile de voir que l'action chimique, l'électricité, la chaleur, le travail mécanique, s'y produisent suivant cette loi de transformation mutuelle à laquelle nous nous sommes efforcé de réduire tous les phénomènes physiques.

La force vive due à l'action de la pile engendre le mouvement de l'éther. Celui-ci, en circulant dans le conducteur, y développe de la chaleur, parce qu'il ébranle en passant les molécules pondérables et leur laisse une partie de sa force vive. Mais, au lieu de produire de la chaleur, il peut produire un travail différent.

Nous en aurons un premier exemple si nous plaçons dans le circuit un voltamètre rempli d'eau. Les deux pôles du courant, les deux électrodes de platine, étant amenés à la partie supérieure du liquide, l'eau s'échauffe, elle arrive rapidement à l'ébullition. Si ensuite on introduit plus profondément les pôles dans le vase, l'eau commence à se résoudre en ses deux éléments, la température du liquide diminue, et l'on rentre bientôt dans les conditions ordinaires des décompositions électrolytiques qui se font avec une légère élévation de température.

On voit donc là une action électrolytique et une action calorifique se substituer directement l'une à l'autre. Si cette expérience était conduite de manière à donner des mesures précises, si l'on pouvait la dégager de toute cause d'erreur, on y verrait quel est le poids d'eau qui peut être échauffé d'un degré par la quantité d'électricité qui décompose un poids donné de cette eau ; en d'autres termes, on trouverait le rapport de l'électrie à la calorie, et les courants électriques se trouveraient ainsi ramenés à la commune mesure des travaux mécaniques, au kilogrammètre (1).

Le courant produit un travail chimique dans l'exemple que nous venons de citer ; il peut aussi produire un travail mécanique, élever un poids, faire tourner un arbre. M. Favre, dans une série d'expériences devenues célèbres, a montré qu'alors la chaleur développée dans un circuit décroît précisément en proportion du travail produit. La force vive du flux électrique est en partie consommée par l'élévation du poids, par la rotation de l'arbre, et l'agitation calorifique du circuit se trouve diminuée d'autant. On voit là de l'électricité qui, au lieu de se transformer en chaleur, se convertit en travail. Si cette conversion pouvait être complète, si l'on pouvait tout à fait éliminer de l'expérience le

---

(1) Le père Secchi a fait ainsi quelques essais d'où l'on peut conclure que la quantité d'électricité qui décompose $0^{gr},106$ d'eau peut élever d'un degré la température de 38 grammes du même liquide. Il en résulterait (si l'on prenait pour électrie, comme nous l'avons indiqué plus haut, la quantité d'électricité qui peut décomposer un kilogramme d'eau) qu'une électrie équivaut à 360 calories ou à 153 000 kilogrammètres. Si, pour avoir des nombres moins élevés, on rapportait l'électrie au gramme, elle équivaudrait alors à 0,36 calories ou à 153 kilogrammètres. Nous citons ce résultat ; mais nous ne voulons pas affirmer que l'expérience d'où il est tiré puisse être considérée comme tenant compte de toutes les conditions du problème.

phénomène calorifique, on arriverait à trouver directement un rapport d'équivalence entre l'électricité et le travail mécanique, on observerait sans intermédiaire la relation de l'électrie et du kilogrammètre.

Mais c'est là une conception tout à fait théorique. Si, comme il est probable, le flux électrique n'a lieu qu'au sein de la matière pondérable, il en agite nécessairement les molécules ; c'est dire qu'il n'y a pas d'électricité sans chaleur. On doit même remarquer à cet égard que les différentes substances offrent à peu près le même ordre de conductibilité par rapport à l'électricité et par rapport à la chaleur. Si, par exemple, on considère les métaux à ce double point de vue, non-seulement ils se rangent dans les deux cas suivant le même ordre (argent, cuivre, or, étain, fer, plomb, platine, bismuth), mais une même série de nombres peut représenter assez exactement leur double conductibilité. La connexion étroite qui lie ainsi les phénomènes calorifiques et électriques ne permet guère d'espérer que les actes mécaniques de l'électricité puissent être isolés dans la pratique et atteints par l'observation directe.

III

Du rapport qui existe entre l'électricité
et la lumière.

A mesure que nous avons examiné les particularités diverses qui signalent la propagation des courants, l'origine des forces électro-motrices, la distribution du travail dans les conducteurs, nous nous sommes affermi dans cette idée, que l'électricité consiste en un transport du fluide éthéré, de ce même fluide qui produit la lumière.

Voilà un rapprochement qui pour beaucoup d'esprits sèra sans doute inopiné. On n'a guère songé jusqu'ici à comparer la lumière et l'électricité, et pourtant nous en venons à regarder l'une et l'autre comme des mouvements divers. d'un même fluide. Une liaison nouvelle apparaît entre ces deux modes de mouvement.

Si nous considérons la généralité des corps que nous
offre la nature, nous pourrons remarquer que les
corps diaphanes sont d'ordinaire isolants; perméables
à la lumière, ils ne laissent pas passer l'électricité. Au
contraire, les corps conducteurs sont d'ordinaire opa-
ques, témoin tous les métaux.

On objectera peut-être que l'eau est à la fois diaphane et conductrice, la gutta-percha à la fois opaque
et isolante; mais ne parlons que des cas extrêmes, négligeons les intermédiaires.

Nous voyons se dessiner deux groupes très-nets,
les corps diaphanes, les corps conducteurs. Ces désignations sont mal choisies, puisqu'elles ne se font pas
opposition; mais sous les mots cherchons les faits : dans
les corps de la première classe, l'éther ne peut se mouvoir que transversalement; il ne peut prendre, au contraire, qu'un mouvement longitudinal dans les corps
de la seconde catégorie. La différence d'agrégation
moléculaire crée ainsi pour l'éther une différence de
mobilité. Voilà tout ce que nous pouvons dire; mais
nous pouvons affirmer que les deux classes de corps
renferment un même éther diversement mobile et non
point deux fluides différents.

Si l'on voulait admettre l'existence d'un fluide lumineux propre aux corps diaphanes et d'un fluide
électrique propre aux corps conducteurs, on serait
amené aux conséquences les plus bizarres. Lorsque
le plomb se combine avec la silice pour former le
verre, il faudrait donc supposer que le fluide élec-

trique en est chassé et qu'il est remplacé par le fluide lumineux ! Quand le diamant passe à l'état de charbon, il cesse d'être diaphane et isolant ; il devient opaque et conducteur ; il s'y opérerait donc une transmutation de fluide ! Rien de semblable ne se peut concevoir. On conçoit au contraire aisément qu'un même éther, suivant la disposition moléculaire des corps, trouve tantôt dans un sens, tantôt dans l'autre, un obstacle à son mouvement.

Ajoutons ici un argument que fournissent les vitesses de propagation de la lumière et de l'électricité. Celle de la lumière est de 75 000 lieues environ à la seconde. Celle de l'électricité a été déterminée avec beaucoup moins d'exactitude, parce qu'elle dépend de la nature des conducteurs et de diverses circonstances qui n'ont pu être éliminées par les observateurs ; mais, si l'on prend une moyenne entre les nombres très-différents qu'ont donnés les expériences, on ne sera pas loin de trouver cette même valeur de 75 000 lieues par seconde.

Dans ce rapprochement, nous pouvons voir une confirmation de notre hypothèse. Nous ne devons pas nous étonner du moins qu'un même nombre représente deux vitesses qui correspondent pour nous à deux ébranlements du même fluide produits dans le même sens ; la vitesse de la lumière est en effet celle de l'impulsion longitudinale, d'où résultent les mouvements transversaux.

Ce sont là des aperçus très-généraux, et l'on ne peut pas dire que nous voyions nettement la connexion des phénomènes lumineux et électriques. A peine concevons-nous les conditions qui peuvent produire cette double modalité dans les mouvements éthérés.

On sait les considérations ingénieuses auxquelles le père Secchi a recours pour montrer comment l'impulsion produite le long du rayon lumineux peut se traduire par des vibrations transversales. D'autres hypothèses ont été faites pour expliquer comment les vibrations transversales peuvent être éteintes dans les corps conducteurs au profit des mouvements longitudinaux.

Mais laissons ces problèmes dans la pénombre. Il ne messied pas de terminer par l'expression de nos incertitudes la revue rapide que nous venons de faire des phénomènes électriques ; ils présentent encore bien des obscurités, et c'est nous conformer à l'état réel de nos connaissances que de les quitter en laissant de grosses questions pendantes.

CHAPITRE V

LES FORCES ATTRACTIVES.

I

Des analogies et des différences que présentent la gravité, la cohésion et l'affinité chimique.

Les charbons d'une lampe électrique s'échauffent et deviennent lumineux quand un courant les traverse. Un foyer allumé nous donne chaleur et travail. Un rayon de lumière tombant sur une plaque sensible détermine une action électro-motrice qui se traduit en mouvement dans l'aiguille d'un galvanomètre, en chaleur dans une aiguille thermométrique. Nous pourrions multiplier à l'infini de pareils exemples, où la lumière, la chaleur, l'électricité, apparaissent comme des phénomènes solidaires, tous réductibles à l'idée de travail mécanique. Un travail les produit, et ils produisent un travail. Ils naissent du mouvement et ils se résolvent en mouvement. L'esprit public s'accoutume, — il nous le semble du moins, — à considérer sous ce point de vue les effets de lumière, de chaleur, d'électricité; mais la question est moins avancée en ce qui concerne ces forces attractives, la gravité, la cohésion, l'affinité, qui paraissent résider dans les profondeurs de la matière. Elles conservent jusqu'ici un aspect plus mystérieux. Il nous reste à voir si nous pourrons dissiper en partie l'obscurité qui les entoure, en appliquant le principe qui éclaire maintenant pour nous tous les phénomènes naturels.

Chemin faisant, nous avons, à mesure que l'occasion s'en présentait, indiqué brièvement les considérations qui permettent de ramener ces forces à des effets de mouvement. Nous avons donc surtout à grouper et à développer ici des hypothèses précédemment ébauchées.

Et d'abord les forces attractives ne sauraient être considérées comme inhérentes à la matière.

Quand Newton proclama la loi de la gravitation universelle, il eut bien soin de faire ses réserves à cet égard. Après avoir décrit les mouvements planétaires dans son livre des *Principes mathématiques de la philosophie naturelle*, il ajoute : « J'ai expliqué jusqu'ici les phénomènes célestes et ceux de la mer par la force de la gravitation ; mais je n'ai assigné nulle part la cause de cette gravitation. Cette force vient de quelque cause qui pénètre jusqu'au centre du soleil et des planètes, sans rien perdre de son activité; elle agit selon la quantité de la matière, et son action s'étend de toutes parts à des distances immenses en décroissant toujours dans la raison doublée des distances... Je n'ai pu encore déduire des phénomènes la raison de ces propriétés de la gravité, et je n'imagine point d'hypothèses... Il suffit que la gravité existe, qu'elle agisse suivant les lois qui viennent d'être exposées et qu'elle puisse expliquer tous les mouvements des corps célestes et ceux de la mer. » C'est encore dans le livre des *Principes* qu'il dit : « J'exprime par le mot attraction l'effort que font les corps pour s'approcher les uns des autres, soit que cet effort résulte de l'action des corps qui se cherchent mutuellement ou qui s'agitent l'un l'autre par des émanations, soit qu'il résulte de l'action de l'éther, de l'air ou de tout autre milieu, corporel ou incorporel, qui pousse l'un vers l'autre, d'une manière quelconque, tous les corps qui y nagent.»

Ainsi Newton laissait la question en suspens ; mais après lui on s'est peu à peu habitué à considérer la gravité comme une sorte de qualité inhérente aux corps. Bien des gens admettent aujourd'hui pour premier axiome que la matière est inerte, et pour second qu'elle s'attire suivant telles et telles lois. Nous avons déjà dit qu'il faut choisir entre ces deux idées contradictoires. Si les molécules se portent les unes vers les autres en vertu d'une cause qui est en elles, que venez-vous dire qu'elles sont inertes ? Elles sont actives, au contraire, et tout l'échafaudage que vous avez élevé sur l'idée d'inertie s'écroule par sa base.

Que sera-ce donc si de la gravité nous passons à l'affinité chimique! Si les molécules se choisissent en vertu d'un principe qui est en elles, elles ont donc une initiative propre, elles ont des volontés, des caprices! La chimie devient l'étude des passions moléculaires. Nous allons y trouver des sympathies et des haines, des instincts vils et de nobles sentiments, des tendresses légitimes et des ardeurs coupables, des mariages heureux et des unions troublées, de sourdes inimitiés et des luttes éclatantes. Voilà les idylles et les drames que nous présente la chimie, si nous logeons dans les molécules un principe répulsif et un principe attractif, comme on loge quelquefois l'esprit du bien et l'esprit du mal dans les âmes humaines.

On fait une pure fiction géométrique quand on suppose que deux molécules agissent l'une sur l'autre à distance. En réalité, nous ne connaissons que des actions qui ont lieu au contact par la communication du mouvement. Entre les molécules se trouvent les atomes éthérés; des uns aux autres les chocs se transmettent; la matière demeure inerte et ne fait que se mouvoir du côté où elle est poussée. Les forces répulsives se sont déjà évanouies devant l'idée de mouvement calorifique; les forces attractives doivent également se réduire à des effets d'impulsion.

Quand on compare les trois forces que nous trouvons rangées dans la même famille, la gravité, la cohésion,

l'affinité chimique, on est d'abord frappé de la dispro-
portion qu'elles présentent.

Combien la cohésion est plus puissante que la gravité ! Un fil de fer ne peut rompre sous son propre
poids que s'il atteint une longueur de 5000 mètres. Il
faut donc que la pesanteur accumule des masses énormes de métal pour vaincre l'adhérence qui se produit
dans une seule tranche du fil.

Mais ce qui est plus extraordinaire à coup sûr, c'est
qu'une fois l'adhérence vaincue et le fil brisé, le rapprochement le plus étroit des parties disjointes n'y fait
pour ainsi dire renaître aucune trace de la cohésion
primitive. Ainsi la cohésion, incomparablement plus
intense que la pesanteur, n'est sensible qu'à des distances extrêmement petites ; la pesanteur, plus faible
au contraire, continue son action à des distances in-
finies.

Si l'on veut d'ailleurs se faire une idée comparative
de ces forces diverses, on peut recourir aux indications
suivantes : elles sont dues à un savant physicien, M. Dupré, qui depuis longues années s'est voué à l'étude des
actions moléculaires.

M. Dupré déduit de ses expériences et de ses calculs
la force nécessaire pour vaincre l'affinité mutuelle des
éléments de l'eau, pour séparer violemment l'oxygène
et l'hydrogène sur une section d'un millimètre carré ;
il trouve que cette force devrait aller à 1673 kilogrammes.

Pour vaincre la simple adhérence moléculaire de l'eau, pour arracher une tranche à sa voisine, il faudrait une force de 70 kilogrammes par millimètre carré.

On sait enfin que sur cette même surface la pesanteur n'exerce qu'une action de $10^{gr},33$.

En comparant les trois nombres qui représentent dans cet exemple les puissances respectives de l'affinité, de la cohésion, de la pesanteur, on peut apprécier l'énorme différence de leurs valeurs.

II

La gravité peut être considérée comme un effet des mouvements de l'éther et de la matière pondérable..

Abordons, sans plus tarder, les considérations théoriques qui peuvent nous éclairer sur la nature des forces attractives, et commençons par la gravité.

Imaginons l'éther uniformément répandu dans l'espace ; ses atomes, animés de mouvements de projection et de mouvements rotatoires, se choquent les uns les autres de la manière que nous avons déjà dite.

Supposons maintenant qu'en un point de ce milieu il y ait une cause spéciale et permanente d'ébranlement ; ce sera, par exemple, une molécule pesante ani-

mée elle-même d'un mouvement vibratoire. L'ébranlement va se répandre dans la masse éthérée et, en
raison de la nature du milieu, s'y propager dans tous
les sens. Les atomes les plus rapprochés de la molécule pesante recevront des chocs violents, ils seront
puissamment chassés, leurs rangs s'éclairciront dans le
voisinage du centre d'ébranlement, et la couche conti-
guë à la molécule deviendra moins dense que le reste du
milieu. L'action motrice persistant, ce même effet va
se propager de couche en couche à travers l'espace.
Comme résultat final, l'éther se trouvera distribué
autour du centre d'ébranlement en couches concentriques dont les premières, les plus voisines de la molécule, seront les moins denses, et qui iront indéfinitive-
ment en augmentant de densité. On peut se représenter
facilement cet état de choses et en tracer la figure : la
molécule au centre, autour d'elle des sphères d'atomes
espacées d'abord, puis de plus en plus rapprochées.
Notons même en passant que la différence de densité
des couches contiguës, comme tous les effets qui se
propagent suivant des sphères concentriques, est inversement proportionnelle aux surfaces de ces sphères,
c'est-à-dire aux carrés de leurs rayons.

Cela établi, supposons qu'une seconde molécule se
trouve en un point quelconque de ce système. Elle
rencontrera, du côté de la première, des couches d'é-
ther moins denses que du côté opposé ; choquée par
l'éther dans tous les sens, elle recevra cependant moins

de chocs du côté de la première molécule, et elle tendra par conséqueut à s'en rapprocher.

Ainsi apparaît la cause de la gravité.

La seconde molécule est poussée vers la première parce qu'elle rencontre des couches éthérées de densités différentes, et l'énergie de cette action, par la raison que nous avons indiquée tout à l'heure, est inversement proportionnelle au carré de la distance des deux molécules. On reconnaît, dans cet énoncé, la loi suivant laquelle agit la gravité.

Ce que nous venons de dire de molécules isolées s'applique d'ailleurs à des molécules groupées de manière à former un corps. Un pareil assemblage déterminera, dans l'éther, cette variation de densité que nous avons décrite ; il la déterminera avec d'autant plus de force que les molécules seront plus nombreuses ou la masse du corps plus grande. Les astres enfin ne sont que des corps volumineux sollicités par cette même cause qui fait tomber les graves à la surface de la terre. Pour les uns comme pour les autres, l'attraction n'est que cette tendance au rapprochement dont nous venons de rapporter l'origine à des impulsions extérieures.

Sans doute les indications sommaires qui viennent d'être données ne constituent pas une démonstration rigoureuse. Pour éclaircir une question de si haute importance, il faudrait suivre les phénomènes par le menu, montrer dans leur détail les répercussions d'ordres divers au moyen desquelles l'éther se dispose autour des molécules en couches différemment denses. Il faudrait aller au-devant des doutes que peut faire naître un pareil exposé, répondre aux principales objections qui peuvent se présenter.

On demandera, par exemple, pourquoi l'effet que nous décrivons est propre aux molécules matérielles, pourquoi il ne se produit pas, au moins çà et là, autour des atomes éthérés. Ici la réponse est facile. Au milieu de la masse éthérée, en l'absence de toute molécule, tout est symétrique par rapport à chaque atome ; l'effet commence, si l'on veut, autour de chacun des atomes ; c'est comme s'il ne commençait autour d'aucun d'eux, et le milieu reste uniformément dense : il faut un centre d'ébranlement pour en rompre l'uniformité.

On demandera encore si ce n'est pas une supposition bien arbitraire que de donner aux atomes, et surtout aux molécules, la forme ronde qui semble nécessaire, au premier abord, pour expliquer la régularité des chocs et la symétrie de leurs effets. Ici encore il est aisé de répondre. La théorie des rotations enseigne, en effet, que les chocs ne dépendent pas de la forme extérieure des corps, et qu'on peut toujours imaginer qu'un solide de forme quelconque soit remplacé par un globe ellipsoïde. La forme ronde n'est donc réellement nécessaire, ni aux molécules, ni même aux atomes.

Bien d'autres objections seraient à détruire ; mais on conçoit que nous ne puissions pas, ici, analyser toutes les circonstances du phénomène. Notre but est atteint si l'on a saisi le principe général de l'explication qui vient d'être donnée, et si l'on voit comment le mouvement de l'éther peut produire l'attraction terrestre aussi bien que l'attraction sidérale.

Il reste un point cependant dont nous ne pouvons nous empêcher de dire quelques mots.

On peut remarquer que l'astronomie moderne s'est faite tout entière sans la notion de l'éther. Ce sont les physiciens qui, d'abord par leurs études sur la lumière, puis par les inductions qu'ils en ont tirées, ont imposé à la science l'idée de ce fluide universel. On peut se demander, dès lors, si cette idée ne va pas se trouver en désaccord avec les lois astronomiques qui ont été établies sans elle. Ceux qui répugnent à admettre l'existence de l'éther ne manquent pas d'objecter que la marche des astres doit être retardée par ce fluide ; que les planètes, en raison de la résistance qu'elles rencontrent, doivent aller sans cesse en se rapprochant du soleil, et que cependant les astronomes ne constatent aucun symptôme d'un semblable effet. — Le retard existe peut-être sans qu'on puisse le constater, répondent les partisans de l'éther. Si nous nous plaçons sur le terrain des faits, nous sommes certains que ce retard ne peut être que très-faible en raison de la ténuité du fluide qui le produit. On a établi des calculs d'après lesquels la résistance de l'éther raccourcirait de 3 mètres par an la distance de la terre au soleil; la durée de l'année serait ainsi abrégée d'une seconde en six mille ans; l'état de nos observations astronomiques ne permet pas de distinguer une pareille conséquence au milieu des perturbations déjà connues de l'orbite terrestre.

Ne trouvant point de faits décisifs dans les mouvements planétaires, la controverse se rejette sur les comètes. Si la résistance éthérée est insensible pour les planètes à cause de la grande densité qu'elles présentent, elle doit être appréciable pour les comètes, qui n'ont pour ainsi dire pas de masse, et qu'on a pu appeler des *riens visibles* (1). Ici une considération in-

(1) Il n'y a pas fort longtemps que l'on est fixé sur l'extrême ténuité de la matière cométaire. Auparavant on avait toujours considéré le choc de ces astres comme redoutable pour les planètes. C'est à un choc de cette nature que Buffon attribuait l'origine de notre système planétaire; une comète, en se jetant sur le soleil, en aurait détaché des fragments de matière et les aurait lancés dans l'espace.. C'est encore à des chocs de cette espèce que divers géologues attribuaient les cataclysmes terrestres; des comètes, rencontrant la terre, en auraient déplacé l'axe de rotation et déterminé les grands déluges. Il ne reste plus rien de pareilles opinions. Les comètes sont regardées aujourd'hui comme des astres tout à fait inoffensifs, incapables de troubler la paix du monde. On les a vues passer tout près des planètes sans y causer aucun désordre; on a vu deux fois la comète de Lexell se jeter au travers des satellites de Jupiter sans y produire aucun dérangement. D'après les récents calculs de M. Faye, le noyau des comètes, qui en est la partie la plus compacte, est à peine neuf fois plus dense que l'air qui reste dans nos machines pneumatiques après que nous y avons fait le vide aussi complétement que possible; quant à la densité de la queue, elle serait dix billions de fois moindre.

tervient pour obscurcir le problème. L'extrême légèreté des comètes doit les rendre sensibles à la résistance d'un milieu universel, sans nul doute, mais elle
les expose aussi à des perturbations d'autres sortes.
Elles sont puissamment déviées de leur route lorsqu'elles passent dans le voisinage des corps planétaires. Quand la comète de Lexell a traversé, en 1770,
les satellites de Jupiter, la durée de sa révolution s'est
trouvée brusquement réduite de cinquante ans à cinq
ans et demi. Comment discerner, au milieu de perturbations de cet ordre, l'influence de l'éther? La comète
de Encke, dont la périodicité est connue depuis 1818,
n'a qu'une révolution de très-courte durée, trois ans
et un quart environ ; son orbite est comprise tout entière dans celle de Jupiter. En comparant ses appari-
tions successives depuis 1818, on a remarqué une diminution graduelle dans la durée de sa révolution ; on
a prouvé d'ailleurs que cet effet ne provenait pas de
l'action perturbatrice des planètes. Certains astronomes en ont conclu qu'il devait être attribué à la résistance d'un milieu, et ils ont vu là une première démonstration astronomique de l'existence de l'éther ;
mais cette conclusion, tirée d'un exemple unique, au
milieu de l'incertitude qui règne encore sur la plupart
des particularités du mouvement cométaire, ne peut
pas être regardée comme bien rigoureuse.

Ainsi, les observations astronomiques ne fournissent
aucun fait caractéristique au sujet de la résistance d'un

milieu, et il n'y a rien à conclure à cet égard, ni de la marche des planètes, ni de celle des comètes. Mais nous avons à nous demander maintenant si l'explication qui vient d'être donnée au sujet de l'origine de l'attraction n'éclaire pas le problème d'un jour tout nouveau.

L'analyse mathématique ramène à deux forces les causes qui produisent le mouvement curviligne des astres ; une force initiale d'impulsion ou vitesse acquise tend à les diriger en ligne droite, tandis que la gravité en infléchit incessamment le cours. C'est cet équilibre dynamique, établi par les astronomes en dehors de toute notion de l'éther, qui a paru compromis dès que les physiciens ont admis l'existence d'un milieu universel ; l'éther devait déranger cette pondération de deux forces instituée sans son concours.

Si maintenant on reconnaît qu'il est l'origine de l'une au moins des deux forces, la question change de face. On ne peut plus dire qu'il soit resté étranger à l'établissement des équilibres célestes, et il se trouve, au contraire, qu'on l'y a fait entrer sans le connaître. Qu'on ne vienne plus, dès lors, parler d'une résistance nouvelle introduite par l'éther ! Sa façon de résister aux mouvements célestes, c'est précisément de déterminer l'attraction et d'infléchir ainsi le cours des astres. Nous disons que l'éther produit la gravité, qu'il pousse les corps célestes dans un certain sens ; c'est donc que nous avons tenu compte de toutes les actions qu'il exerce, des chocs qu'il donne de tous les côtés. Ce serait faire un double emploi que d'introduire une seconde fois dans nos calculs, sous forme de résistance au mouvement, les chocs que reçoivent les astres du côté où ils se meuvent.

S'il en est ainsi, s'il est vrai de dire que l'éther ne peut être considéré à la fois comme une cause du mouvement sidéral et comme un obstacle à ce mouvement, nous n'avons plus à nous étonner que l'astronomie ne trouve, en aucun point des cieux, la marque d'un milieu résistant.

III

Notions historiques sur l'idée de l'attraction universelle.

Il est donc possible de faire rentrer dans le cadre de notre hypothèse la cause qui produit la gravité des corps ; mais c'est là, — nous ne pouvons nous le dissimuler, — un des points les plus difficiles que nous ayons à traiter. Telles sont les habitudes de notre esprit, que l'origine de l'attraction nous paraît inabordable. Rattacher cette conception à une idée plus générale semble une entreprise chimérique. Pour appuyer la démonstration que nous avons tentée à cet égard, il ne sera pas inutile que nous rappelions, par quelques traits rapides, comment est née, comment s'est développée cette grande idée de l'attraction universelle. En indiquant le rôle qu'elle a joué dans l'histoire de nos sciences, nous marquerons mieux la place qu'elle doit tenir dans la physique contemporaine. En voyant comment l'esprit humain s'est élevé à une loi si haute, il nous semblera qu'il peut monter encore, et que, pour avoir expliqué tant de choses, la gravité n'est pas inexplicable.

L'astronomie moderne commence au livre des *Révolutions célestes*, que Copernic publia en 1543. Copernic, renversant la doctrine de Ptolémée, plaçait le soleil au centre du monde ; il faisait tourner autour de cet astre les six planètes alors connues, Mercure, Vénus, la Terre, Mars, Jupiter et Saturne, et il les animait elles-mêmes d'un mouvement de rotation sur leurs axes.

Bien que dédié au pape Paul III, le livre des *Révolutions célestes* fut condamné comme contraire au texte des Écritures.

Soit qu'il voulût échapper aux censures de la cour romaine, soit qu'il eût l'ambition d'attacher son nom à un système qui lui fût propre, Tycho-Brahé adopta une hypothèse éclectique. Il priva la terre de son double mouvement, et fit tourner autour d'elle la lune et le soleil, conformément à la doctrine de Ptolémée ; mais il admit, en même temps, la rotation de Mercure, de Vénus, de Mars, de Jupiter et de Saturne autour du soleil. Malgré cette théorie bizarre, Tycho-Brahé est un des fondateurs de la science céleste. Aidé de disciples et de collaborateurs nombreux dans la petite cité astronomique qu'il avait fondée, il fouilla le ciel dans tous les sens, et accumula, au sujet des mouvements planétaires, une quantité prodigieuse d'observations qui servirent de base aux travaux de Kepler.

On connaît les trois grandes lois auxquelles Kepler a donné son nom.

Copernic et Tycho-Brahé avaient conservé la croyance des anciens, qui regardaient la marche des planètes comme circulaire. C'est sur cette opinion que porta d'abord l'examen de Kepler. En comparant les observations de Tycho sur les mouvements de la planète Mars avec celles qu'il avait faites lui-même, il s'assura que l'orbite de cet astre n'était pas circulaire ; après avoir essayé inutilement plusieurs hypothèses, il reconnut enfin qu'il pouvait satisfaire au résultat de ses calculs en supposant que l'orbite de Mars était une ellipse dont le soleil occupait un foyer. Du même coup il trouva que les aires décrites autour du foyer par le rayon vecteur sont égales dans des temps égaux. Telles sont les deux premières lois indiquées par Kepler. Après les avoir vérifiées sur plusieurs planètes, il les publia en 1609, dans un mémoire *De motibus stellæ Martis*.

La troisième loi consiste en ce que les carrés des temps des révolutions planétaires sont proportionnels aux cubes des grands axes des orbites. C'est celle qui a coûté le plus d'efforts au génie persévérant de

Kepler. La manière dont il l'annonce dans son traité
Harmonices mundi se ressent de l'enthousiasme que lui
causa une pareille découverte. « Après avoir trouvé,
dit-il, les vraies dimensions des orbites par les observations de Brahé et par l'effort continu d'un long travail,
enfin j'ai découvert la proportion des temps périodiques à l'étendue de ces orbites... Et si vous voulez en
savoir la date précise, c'est le 8 mars de cette année
1618 que, d'abord conçue dans mon esprit, puis essayée
maladroitement dans des calculs, partant rejetée comme
fausse, puis reproduite le 15 mai avec une nouvelle
énergie, elle a surmonté les ténèbres de mon intelligence, si pleinement confirmée par mon travail de dix-
sept ans sur les observations de Brahé et par mes propres recherches, que je croyais d'abord rêver et faire
quelque pétition de principe. Mais plus de doute, c'est
une proposition très-certaine et très-exacte que le rapport entre les temps périodiques de deux planètes est
précisément sesquialtère du rapport des moyennes distances (1). »

Ainsi Kepler avait déterminé, dans trois grandes lois
de fait, l'orbe des planètes et les conditions de leur
mouvement. Il était si près du principe d'où ces lois
dérivent, qu'on peut se demander s'il ne l'a pas pressenti. Doué d'une ardente imagination, il chercha naturellement la cause de ces mouvements dont il avait

(1) Le demi-grand axe d'une orbite planétaire est souvent appelé
moyenne distance. C'est en effet la moyenne entre la plus grande et
la plus petite distance de la planète au soleil.

trouvé la nature ; mais sous ce rapport ses ouvrages ne nous montrent guère que les exubérances de l'ancienne fantaisie astrologique : les vieilles théories pythagoriciennes, les mystérieuses propriétés des nombres, y jouent un rôle singulier, et l'on est étonné des rêves bizarres qui se trouvent mêlés aux calculs les plus solides.

Il eut cependant sa théorie sur l'attraction solaire. Il donnait au soleil un mouvement de rotation sur un axe perpendiculaire à l'écliptique, pressentant ainsi une vérité que l'expérience ne devait prouver que bien plus tard ; des espèces immatérielles, émanées de cet astre dans le plan de son équateur, douées d'une activité décroissante en raison des distances, faisaient participer chaque planète à ce mouvement circulaire. La planète, entraînée par cette effluence transcendante, suivait la rotation du soleil, et en même temps, par une sorte d'instinct ou de magnétisme, elle s'approchait et s'éloignait alternativement de l'astre central, tantôt s'élevant au-dessus de l'équateur solaire et tantôt s'abaissant au-dessous.

En même temps que Kepler déterminait les conditions du mouvement planétaire, Galilée trouvait la loi de l'accélération des corps qui tombent librement à terre ou qui glissent sur des plans inclinés ; il établissait les propriétés générales du mouvement uniformément accéléré.

Les lois de la pesanteur à la surface de la terre constituaient les premières bases de la mécanique. Bientôt Huyghens perfectionnait la théorie du pendule et donnait, par sa *Théorie des forces centrales dans le cercle*, de brillantes indications sur la force centrifuge.

Tels sont les principaux éléments d'où Newton fit sortir la grande découverte de l'attraction universelle. Les méthodes du calcul venaient aussi de s'enrichir de mémorables inventions : Descartes avait fondé la géométrie analytique, et Fermat venait de poser les principes du calcul infinitésimal. Ainsi les travaux d'un demi-siècle fécond en grands géomètres et en grands astronomes concoururent à réunir les matériaux que Newton sut mettre en œuvre.

La tradition rapporte que Newton, retiré à la campagne pendant l'année 1666, vit une pomme tomber d'un arbre. Dirigeant alors sa pensée vers le système du monde, il conçut l'idée que cette force qui attirait les corps vers la surface du sol était celle qui faisait tourner la lune autour de la terre et les planètes autour du soleil.

Les lois de Kepler lui fournirent d'admirables données dont il tira les conséquences analytiques. De la loi des aires proportionnelles aux temps, il conclut que chaque planète est soumise à une attraction constamment dirigée vers le soleil. Du mouvement elliptique, il conclut que pour une même planète la tendance vers le soleil varie d'un point à l'autre de l'orbite en raison inverse des carrés des distances.

Il avait donc le moyen de comparer les gravitations d'une même planète vers le soleil en deux points quelconques de son orbite; mais cela n'était pas suffisant, il fallait de plus savoir comparer les gravitations de deux planètes différentes, car il pouvait se faire que d'une planète à l'autre il y eût un changement dans l'attraction. La troisième loi de Kepler, la proportionnalité entre les carrés des temps et les cubes des moyennes distances, permit à Newton de compléter sa théorie et de ramener toutes les attractions à l'unité. Cette loi signifie en effet que toutes les planètes, à masses et à distances égales, seraient également attirées par le soleil. La même égalité de pesanteur existe dans tous les systèmes de satellites, et Newton s'en assura pour la lune ainsi que pour les satellites de Jupiter.

C'est par l'attraction lunaire qu'il commença la vérification de sa théorie. Il s'agissait de déterminer si la force qui dévie sans cesse la lune vers la terre est identique avec la pesanteur terrestre. Dans ce cas, les actions de ces forces rapportées au centre de la terre devaient être dans le rapport du rayon terrestre pris pour unité au carré de la distance qui sépare les deux astres. Newton entreprit cette vérification en partant des expériences de Galilée sur les corps graves; mais on n'avait alors qu'une mesure inexacte du rayon terrestre, et le grand géomètre vit le résultat de son calcul en désaccord avec son hypothèse. Persuadé dès lors que des forces inconnues s'ajoutaient à la pesanteur lunaire, il renonça pour un temps à ses idées. Quelques années plus tard, l'Académie des sciences venant de faire mesurer en France un degré du méridien, et une nouvelle mesure du rayon terrestre étant résultée de ce travail, Newton reprit ses recherches, et il trouva cette fois que la lune était retenue dans son orbite par le seul pouvoir de la gravité. La vue de ce résultat, dont il avait désespéré, lui causa, au dire de ses biographes, une si vive excitation, qu'il ne put vérifier son calcul, et qu'il dut en confier le soin à un ami.

Ainsi une même loi, une loi unique et grandiose, expliquait tous les mouvements des corps à la surface des planètes et ceux des astres dans l'espace. Les principaux développements de cette loi furent réunis dans l'immortel traité des *Principes mathématiques*, que Newton publia vers la fin de l'année 1687.

Parvenu à un principe qui embrassait l'ensemble du monde, Newton en fit lui-même de brillantes applications. Il prouva que la terre en tournant a dû s'aplatir vers les pôles, et il détermina la mesure suivant laquelle varient les degrés du méridien. Il vit que les attractions du soleil et de la lune font naître et entretiennent dans la mer les oscillations qui en constituent le flux et le reflux. Il montra enfin comment le renflement du sphéroïde terrestre à l'équateur et l'inclinaison de l'axe polaire sur l'écliptique déterminent le phénomène de la précession des équinoxes. Il connut d'une façon générale, même avec précision sur quelques points, les perturbations qui affectent le sys-

tème planétaire. Si l'on considère une seule planète
gravitant vers le centre du soleil, elle doit obéir stric-
tement aux lois de Kepler; mais il n'en est plus de
même si l'on considère l'attraction de plusieurs astres
les uns vers les autres, si au lieu de deux corps on en
prend trois: les conditions changent alors, et les mouvements se compliquent jusqu'à devenir très-difficile-
ment abordables à l'analyse. Newton assigna le sens et
parfois la valeur numérique de quelques perturbations planétaires, traçant ainsi dans leur germe les mé_
thodes qui devaient de nos jours permettre au calcul
d'aller chercher la planète Neptune aux extrémités du
système solaire. Il connut ces phénomènes perturbateurs qui affectent les éléments des orbites planétaires, et que l'astronomie divise en deux catégories,
les *inégalités séculaires* à très-longue échéance, et les
inégalités périodiques dont le terme n'est que de quelques années.

Mais quand il vit que les ellipses planétaires s'approchent ou s'éloignent successivement de la forme circulaire, que les orbites ne restent pas toujours également inclinées sur un plan fixe, qu'elles coupent l'écliptique suivant des lignes qui se meuvent dans l'espace,
une pensée décourageante entra dans son esprit. Il lui
sembla que les faibles valeurs de toutes ces variations,
en s'ajoutant à la suite des siècles, devaient boulever-
ser le système du monde; il déclara que ce système
n'avait pas en lui-même des éléments durables de conservation, et qu'il fallait qu'une puissance transcen-

.dante intervînt de temps en temps pour en réparer les désordres.

Leibniz releva vivement une pareille opinion, et se moqua de cette croyance à un miracle intermittent. Newton riposta par des railleries au sujet de la doctrine de l'harmonie préétablie, qui était, il faut l'avouer, une des conceptions les plus bizarres de la métaphysique. La querelle s'aigrit même, et se compliqua de la controverse acerbe où l'on vit ces deux grands esprits se disputer l'invention du calcul différentiel.

Newton avait tracé une sublime ébauche de la théorie du mouvement sidéral; mais ce n'était qu'une ébauche. Il fallut que l'analyse mathématique fît des prodiges, il fallut qu'Euler, Clairaut, Dalembert, Lagrange et Laplace accumulassent leurs efforts pour que l'esquisse devînt un tableau.

Clairaut donna le premier une solution complète et satisfaisante du problème *des trois corps*, qui consiste à déterminer la marche d'une planète soumise aux attractions combinées de deux autres astres.

On continuait à s'inquiéter des perturbations astronomiques dont la périodicité n'était pas reconnue. Ce fut Laplace qui le premier y découvrit une donnée propre à nous rassurer sur la conservation du système planétaire. Au milieu des perturbations de toutes sortes que l'observation fait connaître, il y a une quantité qui demeure constante, ou qui du moins n'est sujette qu'à de petites variations périodiques : c'est le grand axe de chaque orbite, dont dépend, suivant la troisième loi de Kepler, la durée de la révolution de chaque planète. Le monde solaire se trouva comme raffermi, et l'on vit qu'il ne fait qu'osciller autour d'un état moyen dont il ne s'écarte jamais que de quantités très-petites.

A peine ce résultat était-il obtenu, qu'il sembla compromis. On signala des inégalités constantes dans la marche de Jupiter et de Saturne. En comparant les anciennes observations aux nouvelles, on trouvait que le mouvement de Jupiter allait sans cesse en s'accélérant, et que celui de Saturne était sujet au contraire à un ralentissement graduel. La conséquence théorique de ces faits était de nature à frapper les esprits : on devait en conclure que Jupiter irait graduellement en se rapprochant du soleil jusqu'à se jeter sur lui ; Saturne au contraire était destiné à s'éloigner sans cesse du centre de notre système, et à s'enfoncer pour toujours dans les profondeurs de l'espace que nos télescopes n'atteignent pas. L'Académie des sciences s'émut de ces éventualités ; elle appela sur cette question les travaux des géomètres. Euler, Lagrange, descendirent dans l'arène sans résoudre la difficulté ; ce fut encore l'analyse savante de Laplace qui montra dans les perturbations réciproques de Jupiter et de Saturne la raison des anomalies signalées par les observateurs, et qui les expliqua par une inégalité à longue période dont le développement exige plus de neuf cents ans.

On connaît d'ailleurs des inégalités dont la période est bien plus longue : celles qui dépendent de la précession des équinoxes ont une durée de deux cent soixante siècles ; l'excentricité de l'orbite terrestre va en diminuant depuis les âges les plus reculés suivant une période dont la durée ne se compte ni par siècles ni par milliers d'années ; c'est une étendue dans laquelle l'histoire des observations astronomiques, celle même de la race humaine, ne figurent en quelque sorte que comme un point.

Nous venons de suivre l'idée newtonienne jusqu'au moment où elle a rendu compte de tous les phénomènes célestes ; mais il ne faut pas croire qu'elle se soit imposée tout de suite à tous les esprits. Ses origines furent signalées par les luttes les plus vives. La querelle du cartésianisme et du newtonianisme remplit toute la première moitié du xviiie siècle.

La physique de Descartes ne céda que lentement devant celle de Newton, et sur le terrain même des faits l'avantage resta longtemps indécis entre les deux doctrines. Non-seulement la synthèse que Newton avait tirée des lois de Kepler, mais ces lois mêmes furent longtemps contestées. A la fin du xviie siècle, Dominique Cassini proposait de substituer aux ellipses de Kepler une courbe qui paraissait s'adapter plus exactement aux mouvements sidéraux ; cette courbe a pris le nom de *cassinoïde* (1). On niait une des premières conséquences

(1) Dans l'ellipse, la somme des rayons menés d'un point de la courbe à deux foyers est constante. Dans la cassinoïde, courbe du quatrième degré, c'est le produit des deux rayons qui est constant.

dé la théorie de Newton, l'aplatissement de là terre vers les pôles ; les fils de Cassini, héritiers des traditions paternelles, prouvaient par la mesure d'un arc du méridien que la terre était un sphéroïde allongé dans le sens de son axe. Cette opinion prévalut dans notre Académie des sciences jusqu'au moment où une grande expédition fut organisée pour déterminer les longueurs comparatives d'un degré près du pôle et près de l'équateur. Bouguer et la Condamine partirent en 1735 pour le Pérou; Maupertuis et Clairaut se rendirent en Laponie. L'hypothèse de Newton sortit victorieuse de cette épreuve, et vers 1744 la plupart des savants, les deux Cassini eux-mêmes, reconnurent les erreurs d'expérience ou de raisonnement qui leur avaient fait prendre la terre pour un sphéroïde allongé. C'était le moment où la physique de Descartes sombrait enfin avec une grande partie de sa métaphysique, et l'idée newtonienne, vulgarisée par Voltaire, puis par les encyclopédistes, demeura triomphante.

Mais quel était, si nous allons au fond des choses, le point spécialement discuté entre les cartésiens et les disciples de Newton ?

Descartes était parti de ce principe, que tout l'univers doit être expliqué par le mouvement, et ce n'est pas nous qui lui en ferons un reproche ; c'est à ce point de vue même que se place la science contemporaine, et la plupart de nos physiciens, qu'ils le veuillent ou non, se trouvent cartésiens à cet égard. Seulement, le principe posé, Descartes, sans faits, sans observations, sans expériences, sans aucune preuve, par une pure conception de son esprit, avait créé un système du monde : le monde était plein de matière, absolument plein, sans aucun vide; de vastes courants circulaires régnaient à travers cette matière et entraînaient avec eux les planètes comme le courant d'un fleuve entraîne des bateaux. Les disciples de Descartes n'avaient rien rabattu de l'idée du maître, et ils accumulaient de laborieuses explications pour montrer comment les tourbillons pouvaient se propager dans le plein absolu, comment les particules de matière pouvaient glisser les unes sur les autres sans aucun vide interstitiel.

En face de cette doctrine, Newton vint placer la loi de la gravitation universelle; cette loi contenait en elle-même une masse énorme de faits : non-seulement elle expliquait tous ceux qui étaient connus, mais elle en faisait prévoir de nouveaux, et l'expérience venait justifier toutes ses prévisions. Les newtoniens se sentaient donc sur un terrain très-solide. Dans leur enthousiasme, ils sortaient du domaine des faits et en venaient à regarder la gravitation comme une cause mystérieuse d'un ordre supérieur à tous les phénomènes physiques. Newton, nous l'avons montré tout à l'heure, s'était gardé de cet excès; au moins dans les commencements de sa carrière et dans le livre des *Principes.* Peut-être fut-il moins réservé à cet égard dans sa vieillesse. Quant à ses disciples, ils avaient une pente manifeste à se croire en possession d'un principe surnaturel.

C'est contre cette tendance que réagissait l'école cartésienne ; elle repoussait la cause occulte qu'on lui présentait, mais elle rejetait du même coup la cause et les effets démontrés par l'expérience. Elle fermait les yeux pour ne pas voir l'astronomie nouvelle, et elle s'obstinait dans sa physique de fantaisie. Elle tomba sous le ridicule, et l'hypothèse des tourbillons, dont Fontenelle fut le dernier défenseur, entraîna dans sa chute toute la doctrine cartésienne.

On voit ainsi souvent dans le conflit des idées humaines, lorsque deux grandes doctrines se sont combattues avec acharnement, l'une d'elles succomber tout entière, et les vainqueurs effacer sans distinction tout ce que les vaincus avaient inscrit sur leur drapeau

Pour nous, qui regardons maintenant ce débat historique à travers l'apaisement des années, nous voyons le terrain où les deux doctrines ennemies pouvaient se concilier. La gravitation newtonienne et tous les faits qu'elle embrasse nous apparaissent, conformément au principe cartésien, comme des conséquences de mouvements matériels.

IV

Hypothèses sur la formation des mondes et l'origine de la gravité.

Le principe newtonien et le principe cartésien, si longtemps ennemis, s'unissent et se confondent dans l'idée générale que nous pouvons maintenant nous faire du système du monde. Cette idée générale se forme dans notre esprit, si nous rapprochons dans une vue d'ensemble l'hypothèse de Laplace sur la naissance du système solaire, les conjectures que l'astronomie contemporaine tire de l'aspect des nébuleuses, et les données que nous avons développées précédemment sur le rôle d'une substance éthérée.

Commençons par rappeler en peu de mots l'hypothèse de Laplace.

Notre système planétaire n'aurait été d'abord qu'une nébuleuse dont les limites se seraient étendues bien au delà des orbites actuelles de nos planètes, et qui se serait successivement condensée à travers les âges.

Laplace esquisse à grands traits l'histoire de cette condensation graduelle. Un noyau solaire se forme d'abord dans la nébuleuse : ce soleil naissant est une masse gazeuse animée d'un mouvement de rotation qu'elle partage avec une immense atmosphère. Par le refroidissement général du système, cette atmosphère abandonne successivement, dans le plan de son équateur, des zones lenticulaires d'où naissent les planètes. Quelquefois ces zones conservent la forme circulaire, comme les anneaux de Saturne nous en montrent des exemples. Le plus souvent elles se séparent en plusieurs parties. Les fragments peuvent rester désunis, comme nous le voyons dans le monde des petites planètes situées entre Mars et Jupiter. Ils peuvent aussi, et c'est le cas le plus fréquent, se réunir en une seule agglomération.

Les planètes ainsi formées sont, à l'origine, des masses gazeuses qui continuent à tourner autour du soleil ; elles tournent aussi sur elles-mêmes, parce que dans l'anneau originel les molécules les plus éloignées du centre solaire avaient une plus grande vitesse que les autres. Par cette rotation, chacune d'elles prend la forme d'un sphéroïde aplati aux pôles, et bientôt dans chacun de ces petits mondes recommence le phénomène expliqué tout à l'heure : l'atmosphère planétaire abandonne des anneaux d'où naissent les satellites.

Les noyaux des planètes, ceux des satellites, se solidifient par leur surface, les atmosphères se resserrent contre leurs noyaux, et l'immense étendue que remplissait d'abord la nébuleuse n'est plus occupée que par quelques globes célestes qui se meuvent régulièrement autour de leur centre commun.

L'auteur de la *Mécanique céleste* n'a présenté qu'avec réserve cette hypothèse grandiose ; il l'a placée modestement dans une note qui termine son *Exposition du système du monde.* Elle n'a pas laissé de prendre une haute importance, car elle est la seule conception qui rende compte des principaux phénomènes planétaires. Elle explique pourquoi toutes les planètes circulent autour du soleil à peu près dans un même plan ; pourquoi ce plan de circulation générale est précisément celui de l'équateur solaire ; pourquoi les planètes décrivent des ellipses qui ressemblent presque à des cercles ; pourquoi leurs mouvements de translation et leurs mouvements de rotation ont lieu dans le même sens ; pourquoi toutes les circonstances observées dans la marche des planètes autour du soleil se retrouvent dans la circulation des satellites autour des planètes (1).

(1) Est-il besoin de rappeler ici l'expérience brillante à laquelle un physicien belge, M. Plateau, a attaché son nom, et qui reproduit les principales phases de ces créations célestes? On met dans un vase un mélange d'eau et d'alcool au centre duquel on place une goutte d'huile. Dans cette goutte on introduit une aiguille à laquelle on donne un mouvement régulier de rotation. La sphère huileuse tourne

L'hypothèse de Laplace nous conduit donc depuis l'origine du soleil jusqu'au développement complet de notre système solaire ; mais concevons maintenant une phase antérieure et efforçons-nous d'en imaginer l'histoire.

Reportons-nous à un point de la suite des âges où nul système n'existe encore.

L'éther seul remplit l'espace de ses atomes en mouvement.

Si ce milieu est rigoureusement semblable à lui-même dans toutes ses parties, l'agitation uniforme continuera sans fin ; mais si parmi ces atomes primitifs il existe en certains points quelque dissemblance, les atomes prépondérants deviennent aussitôt des centres de groupement. Ils s'approchent les uns des autres suivant le mode que nous avons décrit. Une sorte de triage s'opère ainsi dans la masse universelle ; l'éther devient de plus en plus homogène, à mesure que les éléments de dissemblance se réunissent en certains centres. Ainsi se forme au sein de l'éther de plus en plus épuré une essence cosmique universellement répandue, germe subtil de la matière pondérable.

C'est en effet la gravité qui vient de prendre naissance dans le phénomène que nous avons esquissé, et elle s'accuse plus nettement à mesure que se dessinent

avec son axe et s'aplatit aux pôles. Bientôt du renflement de son équateur s'échappe, si l'expérience est habilement conduite, une sorte d'anneau qui se rompt en globules dont chacun commence à tourner autour de la masse centrale. On peut ainsi faire un monde dans un verre d'eau.

les groupes moléculaires, et que l'éther se trouve amené à l'uniformité atomique.

Voilà donc l'espace occupé par une sorte de réseau embryonnaire dont les atomes éthérés remplissent les interstices. Le mouvement d'attraction qui a commencé ne s'arrête plus.

En même temps que l'éther tendait vers un régime uniforme, les molécules rudimentaires absorbaient tous les éléments de dissemblance : aussi sont-elles inégalement choquées dans des sens divers ; le mouvement de translation et le mouvement de rotation leur sont naturels.

La variété est aussi le caractère du réseau cosmique en raison même de son origine ; il se déchire donc çà et là en nappes irrégulières, où se manifestent des effets de concentration.

Ici nous touchons au point où l'observation télescopique vient au secours de la spéculation pure. A mesure que les astronomes plongent plus avant dans les profondeurs des cieux, ils découvrent un nombre de plus en plus considérable de ces nappes cosmiques, dont les unes sont résolubles en étoiles, tandis que les autres conservent l'aspect de nébulosités irréductibles. Ces dernières ne doivent-elles cette apparence qu'à l'éloignement, et faut-il croire qu'à l'aide de grossissements plus forts, on les décomposerait en points lumineux ? L'opinion peut varier à cet égard dans tel ou tel cas particulier, au sujet de telle ou telle nébuleuse spéciale ; mais l'ensemble des observations porte à croire que ces agglomérations sont des mondes à des degrés divers de formation. Dans les unes, la matière cosmique serait encore diffuse; dans les autres, les noyaux solaires seraient plus ou moins formés; dans d'autres encore, les soleils auraient engendré déjà leur cortége de satellites.

Ainsi nous aurions devant nous, plus ou moins accessibles à nos télescopes, les spécimens des phases diverses que traversent les mondes.

On n'attachera pas à ces indications plus d'importance qu'elles n'en méritent. Si Laplace renvoyait son hypothèse à la fin d'un de ses livres, où ne faudrait-il pas reléguer l'ébauche cosmogonique qui vient d'être esquissée? Nous avons essayé de reporter à l'origine même des formations cosmiques cette conception qui nous représente la gravité comme une conséquence des mouvements de l'éther. Les aperçus que nous avons donnés à cet égard peuvent sembler injustifiables. On peut les rejeter sans infirmer du même coup les considérations qui portent sur la nature même de la gravité, telle que nous pouvons l'observer dans notre monde actuel, au milieu de circonstances accessibles à notre analyse.

V

Les actions moléculaires, la cohésion, l'affinité chimique.

Il nous faut maintenant revenir par un saut brusque des mouvements célestes aux phénomènes moléculaires, des espaces immenses où s'étend la gravité aux distances infiniment petites où se manifestent la cohésion et l'affinité chimique. Nous avons signalé déjà la puissance énorme de ces deux dernières forces; mais les résultats numériques que nous avons rapportés n'en donnent qu'une faible idée. On sait que des changements de cohésion, la congélation de l'eau par exemple et la solidification du bismuth, peuvent briser des bouteilles de fer épaisses de plusieurs centimètres; nous ne parlons pas des effets formidables que produisent les affinités qui sont en jeu dans les mélanges explosibles; les simples actions qui forment et maintiennent les agrégations ordinaires ont une puissance telle qu'on a pu les appeler, dans un langage figuré, des géants travestis.

Il semble au premier abord que les corps célestes absorbent, dans leur course à travers l'espace, la plus grande partie de la force vive qui est répandue dans l'univers : c'est le contraire qui est vrai; la force vive que représentent les mouvements célestes est bien faible, si on la compare à celle qui est concentrée dans les actions moléculaires.

Avant de faire un pas nouveau dans l'examen de ces actions, il importe que nous revenions sur la notion même de molécule, et que nous en précisions le sens. Les molécules des corps réputés simples, de l'oxygène, de l'hydrogène, du carbone, sont-elles des unités indivisibles, de véritables atomes, ou sont-elles des agrégats?

Cette seconde hypothèse, nous l'avons déjà dit, nous paraît seule admissible.

Après les premiers travaux qui ont fondé la chimie, lorsque l'analyse s'arrêta devant un certain nombre de substances qu'elle ne put décomposer, on fut porté à regarder ces substances comme différentes dans leur qualité même. Telle fut la doctrine de Berzelius. Dans cette théorie, le carbone, l'or, le platine, sont des corps tout à fait hétérogènes, dont les atomes jouissent par eux-mêmes de propriétés spéciales. Cependant la notion des *équivalents*, introduite dans la chimie dès le commencement de ce siècle, mettait naturellement les esprits sur la pente d'une doctrine différente. Puisqu'on avait vu que les corps simples se combinent et se remplacent dans leurs combinaisons suivant des proportions nettement définies, on devait être amené à regarder les quantités équivalentes des corps différents comme des collections diverses formées d'une substance unique.

Prout avait le premier formulé cette opinion : pour lui, les poids équivalents des corps simples étaient des multiples de celui de l'hydrogène. On reconnut bientôt que cette loi ne pouvait être maintenue dans toute la rigueur de son énoncé : la détermination précise de certains équivalents la mettait en défaut. On fit disparaître les premières exceptions en prenant pour unité le demi-équivalent de l'hydrogène ; mais de nouvelles difficultés surgirent, et il fallut recourir à un fractionnement plus compliqué. La loi de Prout a ainsi perdu peu à peu sa première originalité. Elle reste cependant, corrigée par les tempéraments nécessaires, comme un argument important en faveur de l'unité élémentaire des corps.

Nous avons déjà montré comment la physique nouvelle remonte jusqu'aux atomes éthérés pour trouver cette unité élémentaire. Entre les molécules de l'oxygène, de l'hydrogène, du carbone, de l'or, du platine, elle ne conçoit aucune différence qui porte sur la qualité même de la matière ; elle ne voit dans ces corps divers que des propriétés qui résultent du mouvement. Si cela est vrai de ces corps comparés entre eux, cela est vrai aussi des mêmes corps comparés à l'éther. Entre eux et l'éther, où trouverait-on une différence qui portât sur la qualité matérielle? Toute molécule élémentaire nous apparaît-ainsi comme formée d'atomes éthérés. La chaleur désorganise les corps, elle arrive à séparer l'hydrogène et l'oxygène qui forment la vapeur d'eau; un dernier pas serait à faire : en surchauffant ces molécules mêmes, on arriverait sans doute à les faire éclater, et on les résoudrait en atomes éthérés, soit directement, soit par degrés successifs.

Voici donc comment se présente à nos yeux l'échelle de l'agrégation matérielle. A l'état le plus ténu, l'atome éthéré ; vient ensuite la molécule élémentaire des corps réputés simples; ces molécules se combinent, et il en résulte des molécules composées ou chimiques. Celles-ci se réunissent à leur tour et forment ainsi les particules des corps.

On conçoit, au moins d'une façon générale, comment l'agrégation d'une molécule élémentaire peut résulter de l'action d'un milieu et des mouvements relatifs de ses parties. Sans que nous insistions sur ce point, on peut se représenter cet ordre de phénomènes à l'aide de quelques exemples grossiers, de quelques analogies lointaines. C'est ainsi que la pression de l'air maintient les uns contre les autres les segments d'une sphère creuse. C'est ainsi qu'une veine liquide prend souvent l'aspect et la consistance d'un solide par le mouvement commun de ses parties. C'est ainsi que nous voyons quelquefois des tourbillons de vent ou de poussière parcourir de grands espaces sans se déformer, parce que les éléments qui les composent sont animés d'une même vitesse angulaire.

Aussi bien, si l'on serre ces questions de près, la physique nouvelle ne les éclaire que de quelques aperçus fugitifs. On lui demanderait en vain de montrer par des exemples décisifs comment les propriétés diverses des molécules naissent de la combinaison des mouvements. Cette diversité, qui sort pour ainsi dire du sein même de la matière, fut toujours et demeure encore un des plus étranges phénomènes que l'homme puisse aborder.

La science ancienne voyait dans les corps une sorte de dualité ; elle imaginait d'une part une matière dépourvue de qualités propres, mais capable de les recevoir toutes, et de l'autre des essences qui s'ajoutaient aux corps pour en constituer les propriétés ; elle supposait que ces essences pouvaient être isolées par la distillation, et l'alchimiste s'efforçait de les recueillir pour les infuser à son gré dans la matière.

Après la doctrine des essences, on vit prévaloir l'idée des formes ; une esthétique cachée déterminait au sein des corps les moules où se produisait la diversité moléculaire. Notons que cette conception nous rapproche de celle du mouvement. L'idée de mouvement ne va

pas en effet sans une certaine idée de forme ; la géométrie détermine les courbes et les surfaces idéales où
se produisent et se limitent les mouvements.

La physique nouvelle rapporte au mouvement la
structure et les propriétés des molécules. Elle tire cette
conclusion de l'ensemble des lois qu'elle a trouvées ;
elle s'y croit autorisée par ce qu'elle sait de plusieurs
grands phénomènes naturels, par ce qu'elle a appris de
la lumière, de la chaleur, de l'électricité, par les inductions auxquelles elle s'est élevée sur la nature de
l'attraction universelle. Mais l'avenir montrera seul si
elle peut se rapprocher des conditions originelles qui
diversifient les mouvements dans les profondeurs
secrètes de la matière.

Il ne faut donc pas nous attarder à la métaphysique
des molécules. Les principaux résultats que nous avons
énoncés successivement sont indépendants de toute
hypothèse sur la constitution moléculaire. Nous avons
pris soin de réserver le terme d'atome pour les éléments
de l'éther, et d'appliquer le nom de molécules à ceux
de la matière pondérable ; mais d'ailleurs dans tout le
cours de ce travail, si on laisse de côté quelques théories incidentes qui s'en détachent facilement, on peut
conserver la notion primitive que fournit la chimie, et
considérer les molécules élémentaires comme de petits
blocs indivisibles dont la disposition intérieure n'influe
pas sur les phénomènes.

On a vu comment les molécules plongées dans l'éther

arrivent à s'attirer. Il nous faut un nouveau principe pour expliquer la cohésion, et nous le trouvons dans l'hypothèse de la rotation moléculaire, dont le père Secchi a tiré tant de conséquences ingénieuses.

Dans leur rotation, les molécules doivent entraîner avec elles une atmosphère d'atomes éthérés; c'est un fait que nous avons déjà mis en relief en traitant du changement d'état des corps. L'existence de ces atmosphères, — il faut éviter à cet égard une confusion possible, — est tout à fait distincte du phénomène qui répartit l'éther en couches différemment denses. Ce dernier effet s'étend à l'infini; le premier n'a lieu que dans un espace très-restreint, au voisinage immédiat de la molécule. Dans cet espace, les atomes participent directement à la rotation moléculaire; au dehors, ils en sont indépendants. On a montré précédemment (1) comment agissent ces atmosphères quand un corps, en perdant sa chaleur, est ramené de l'état de gaz à la forme liquide, et de celle-ci à l'état solide. Faisons remarquer ici que cette hypothèse explique pourquoi la forme liquide et la forme solide naissent tout à coup, à un moment donné, quand les molécules ont été ramenées à une distance précise : tant que les atmosphères ne se touchent pas, aucune trace de cohésion ne se manifeste; dès qu'elles s'abordent, la force naît. On comprend aussi pourquoi les températures de fusion et de solidification sont fixes pour un

____

(1) Voyez pages 94 et 95.

même corps ; ces effets ont lieu au moment précis où les atmosphères, variables avec la température, ont atteint le diamètre voulu.

Qu'est-ce maintenant que l'affinité ? Remarquons la nature de son action. Elle agit pendant un temps, plus ou moins brusquement, pour troubler un équilibre; les corps en présence se saturent l'un de l'autre; puis un nouvel équilibre succède à cet effet. Ce phénomène peut s'expliquer par l'hypothèse même dont nous venons de nous servir.

Entre molécules homogènes, toutes les atmosphères sont semblables, et il n'y a pas de raison déterminante pour que l'une modifie l'autre : la cohésion se produit dans ce cas. Si au contraire des molécules d'espèce différente se trouvent en présence, il y a variété dans les atmosphères; celles-ci peuvent se fondre l'une dans l'autre et modifier par cet effet la position de leurs molécules respectives.

Ainsi nous apparaît le principe de l'affinité chimique. Plus les atmosphères seront inégales, plus il y aura de chance pour que l'équilibre en soit rompu, et plus l'action chimique aura d'énergie. Elles peuvent différer d'ailleurs non-seulement dans leurs volumes, mais aussi dans leurs vitesses, et elles offrent ainsi plusieurs éléments de variation. La température influe naturellement sur l'état des atmosphères, et change par là les conditions de l'affinité. Il peut arriver que deux molécules qui ont à un certain moment des atmosphères dissemblables, et par suite une affinité très-grande, arrivent à avoir, si la température change, des atmosphères égales et par conséquent une affinité médiocre. Il peut se faire même, si la température continue à varier, que la valeur relative des atmosphères soit renversée. On rendrait compte ainsi d'anomalies connues ; on expliquerait de cette façon pourquoi, à des températures très-rapprochées, on voit tantôt le fer décomposer l'eau et mettre l'hydrogène en liberté, tantôt au contraire l'hydrogène décomposer l'oxyde de fer pour s'emparer de l'oxygène.

La molécule chimique a donc une enveloppe générale ; mais ce n'est pas à dire que les molécules élémentaires restent dépourvues de petites atmosphères spéciales. Il faut remarquer d'ailleurs que ces atmosphères sont pour ainsi dire des phénomènes extérieurs sous lesquels nous retrouvons naturellement les mouvements mêmes des molécules. C'est entre tous ces mouvements, ceux des molécules, ceux des enveloppes partielles et ceux de l'enveloppe totale, que s'établit un équilibre d'où résulte la stabilité de la combinaison. Le composé sera d'autant plus stable que cet équilibre dynamique aura moins de chance d'être troublé. Si les éléments sont nombreux, une légère variation de température met le désordre dans cette agrégation et en détruit le lien.

Cet effet se manifeste plus nettement à mesure qu'on passe du règne minéral, où domine une certaine simplicité, aux matières organiques, dont la structure est plus compliquée. Une molécule d'albumine contient, dit-on, 900 molécules élémentaires. On conçoit que des composés si complexes soient facilement détruits par des variations de chaleur. La complication est bien plus grande encore dans les tissus organisés. Aussi les végétaux sont-ils confinés chacun dans un climat déterminé, et si les animaux peuvent vivre dans des régions plus étendues, c'est qu'ils portent en eux-mêmes une source de chaleur qui rend pour chacun d'eux la température à peu près constante.

Depuis Lavoisier, la chimie s'est faite au point de vue des masses ; on peut dire qu'elle reste tout entière à faire au point de vue des vitesses. Or, les masses et les vitesses forment deux séries d'éléments qu'il est également nécessaire de connaître pour apprécier les forces vives dont les molécules sont animées et les divers effets qu'elles peuvent ainsi produire.

On ne peut s'empêcher pourtant de remarquer les immenses progrès que la chimie a faits par la seule considération des masses. La loi des *proportions définies*, la loi des *proportions multiples*, la notion même de l'équivalence chimique, qui est sortie naturellement de ces deux lois fondamentales, sont indépendantes de toute idée de mouvement. C'est à l'aide des pesées que l'on a suivi les corps simples dans leurs combinaisons élémentaires et déterminé l'échelle de leur saturation. Plus tard, la chimie organique se fonde par l'étude des corps gras d'abord, puis par les premières analyses des alcools et des éthers ; la balance devient insuffisante alors pour suivre la complication des phénomènes, et cependant les théories que le chimiste élève semblent, au moins au premier abord, s'appliquer à des molécules en repos. La loi des *substitutions* résume les progrès de la chimie organique. Cette loi n'implique, — on pourrait le croire au moins, — aucune idée d'agitation moléculaire; elle peut s'entendre, si l'on se contente d'un aperçu sommaire, de groupes immobiles où des groupes partiels se remplaceraient les uns par les autres. Mais nous n'en sommes plus à avoir besoin de montrer ce qu'il y aurait d'incomplet dans une pareille manière d'apprécier les phénomènes chimiques. On ne saurait comparer la formation moléculaire à la superposition des pierres d'un édifice ; il faut, si l'on veut la représenter par une figure sensible, imaginer sur une échelle restreinte des tourbillons solaires qui viendraient à se pénétrer, et dont les éléments prendraient en cette rencontre un nouvel équilibre mobile.

Au surplus, il ne s'agit pas ici d'une simple conception théorique. Si nous nous reportons sur le terrain des faits, nous voyons que l'action chimique produit un travail, ce qui est le propre des masses animées de vitesse. C'est une action chimique, c'est la combustion du charbon qui fait tourner la plus grande partie de nos machines.

Jusqu'ici nous ne savons pas mesurer directement le travail chimique, nous ne le déterminons que par l'intermédiaire de la chaleur ou de l'électricité ; mais par ces moyens indirects nous en obtenons déjà une appréciation assez exacte. Nous jugeons de l'action chimique par ses effets extérieurs, et ce n'est pas un résultat qui soit à dédaigner. Pour la connaître en elle-même, pour en pénétrer le secret, pour en comprendre le jeu intérieur, il nous faudrait préciser les vitesses aussi bien que les masses moléculaires. Si nous possédions les termes de cette double catégorie, nous verrions disparaître ce que la chimie présente encore de bizarre et de capricieux, nous expliquerions les combinaisons diverses et les propriétés matérielles qui en résultent.

Alors serait fondée la mécanique moléculaire, qui comprendrait dans son ensemble non-seulement les phénomènes chimiques, mais tous les phénomènes naturels dont nous avons parlé tour à tour, ceux de la gravité comme ceux de la chaleur, ceux de l'électricité comme ceux de la lumière ; une dynamique universelle embrasserait l'astronomie, la physique et la chimie.

CHAPITRE VI

LES ÊTRES VIVANTS

I

L'activité vitale consiste à transformer, non à créer des mouvements.

Nous avons à peu près épuisé le programme que nous nous étions tracé d'avance ; nous avons porté successivement notre attention sur les principaux phénomènes qui font l'objet des sciences physiques, nous en avons montré les liens mutuels, indiqué l'unité fondamentale. Nous pourrions borner là notre examen et considérer notre tâche comme achevée ; les résultats auxquels nous sommes parvenu se présentent dès maintenant dans leur généralité. Cependant nous ne nous sommes point occupé des êtres vivants qui font partie, eux aussi, de l'univers physique. Faut-il les comprendre dans l'unité phénoménale sur laquelle nous avons arrêté nos regards, ou faut-il les en exclure? Obéissent-ils entièrement aux lois dont nous avons montré la connexité, où, s'ils en sont affranchis par quelques points, quelles sont leurs immunités?

Le simple énoncé de ces questions rappelle à l'esprit les problèmes immenses qui ont de tout temps troublé l'humanité, — tant de théories sur la nature de la vie, tant d'efforts accumulés autour de la personnalité humaine, tant de discussions sur les principes d'essence supérieure ! Qu'on ne s'attende pas à nous voir aborder ces hautes questions. Nous pouvons les réserver tout entières, et nous n'avons pas besoin de nous aventurer sur le terrain des spéculations transcendantes pour montrer comment se vérifie dans les êtres organisés cette grande loi à laquelle nous avons ramené le jeu de la nature.

Il semble, d'après les travaux de la physiologie moderne, qu'il faille chercher dans la cellule le principe de l'activité vitale. Les végétaux comme les animaux sont composés de cellules.

Tout végétal est formé de l'assemblage de petites outres ou vésicules qui prennent, en se serrant les unes contre les autres, la forme polyédrique. Chacune d'elles forme un organe clos qui a sa vie propre et qui est comme la partie intégrante du végétal.

Il n'en est pas autrement dans les animaux; mais plus l'organisme général est parfait, plus on trouve de

variété dans les cellules. Aux degrés inférieurs de
l'échelle animale, parmi les infusoires des dernières
espèces, se montrent des créatures de la composition
la plus simple qu'il semble possible d'imaginer : des
cellules toutes semblables entre elles remplissent une
enveloppe garnie de cils vibratiles à l'aide desquels
s'agite l'animal. Chez les animaux supérieurs, chez les
vertébrés, chez l'homme, il y a de grandes différences
entre les cellules qui appartiennent à des tissus, à des
organes différents. Un noyau plus ou moins complexe
au centre, une fine membrane à la périphérie, entre
les deux un liquide simple ou composé, tels sont les
principes constitutifs de la cellule, et ils présentent
assez d'éléments de variété pour qu'on remarque de
profondes dissemblances entre les cellules qui forment
les diverses fibres musculaires, les divers filets nerveux, les membranes muqueuses, séreuses, etc. Au
milieu de cette diversité, chaque cellule a dans l'être
collectif une indépendance relative, une façon d'auto-
nomie : chaque famille de ces vésicules a son régime
propre, sa nourriture, ses poisons, ses maladies.

On sait d'ailleurs, depuis les ingénieuses découvertes
de Dutrochet, comment se nourrissent ces petites
outres entièrement fermées, séparées même les unes
des autres par la double cloison qui résulte de leur
adossement ; on sait qu'elles arrivent à absorber les
liquides extérieurs et à chasser en partie ceux dont
elles sont pleines. Ce phénomène d'endo-exosmose
suffit, avec la capillarité, pour rendre compte de l'as-

cension et de la descente de la séve dans les végétaux. Il montre comment dans les animaux les différentes cellules peuvent renouveler incessamment leur contenu, et se procurer par une filtration élective tout ce qui est nécessaire à leur entretien. Non-seulement ces vésicules se nourrissent grâce à ce mécanisme, mais elles arrivent, par une action communiquée de proche en proche, à puiser des liquides dans des canaux qui ne s'ouvrent nulle part, et à les déverser dans d'autres canaux également fermés, établissant ainsi à travers la masse des tissus une circulation capillaire dont le principe a longtemps échappé à toutes les recherches.

Ainsi nous trouvons à l'origine de la vie les cellules qui sont comme les premières assises de l'organisation. On peut dire qu'elles constituent dans les deux règnes organiques les individus que l'on peut mettre en regard des atomes du règne minéral, — atome, individu, deux termes empruntés à des langues différentes pour exprimer une même idée.

Mais sait-on comment naissent les cellules, et a-t-on surpris le secret de leur formation? On a vu dans le germe des végétaux une première cellule se nourrir de l'amidon contenu dans la graine et que la germination convertit en dextrine et en sucre; on a vu de nouvelles cellules se juxtaposer à la première par une gemmation liquide dont l'enveloppe se coagulait; les matières solubles élaborées dans cette vie rudimentaire arrivaient ainsi à constituer les premiers éléments des végétaux.

Dans le germe animal, dans l'œuf, on voit une matière granuleuse se diviser en plusieurs segments sphéroïdaux, et chacun d'eux se convertir en vésicule par la coagulation de sa couche superficielle; puis les vésicules se collent les unes contre les autres, se multiplient par scission, c'est-à-dire par formation de membranes intérieures, et arrivent à constituer la toile cellulaire d'où doit sortir l'embryon. C'est dans cette toile que se disposent, par un mécanisme analogue, les rudiments des organes, d'un appareil circulatoire, d'un système nerveux.

Quant aux éléments mêmes qui composent les organismes vivants, végétaux ou animaux, il est sans doute inutile de rappeler ici qu'ils sont tous empruntés en dernière analyse au monde inorganique. A mesure qu'on s'élève dans l'échelle animale, on trouve à cet égard une complication croissante. Cependant il n'entre jamais dans les êtres vivants qu'un nombre très-limité de corps simples. L'organisme humain, le plus complexe de tous, comprend quatorze corps simples, — oxygène, hydrogène, azote, carbone, soufre, phosphore, fluor, chlore, sodium, potassium, calcium, magnésium, silicium et fer. Si compliquée que soit l'architecture de ses molécules, l'homme tout entier est réductible à ces quatorze éléments.

Si, maintenant, nous essayons de condenser la notion primordiale de la vie, telle qu'elle résulte de ces indications, si nous nous efforçons de la réduire à ses données essentielles, qu'y trouvons-nous?

D'une part, les matériaux mêmes du monde inorganique.

D'autre part, une série de mouvements qui se succèdent les uns aux autres dans un ordre déterminé.

La succession définie de ces mouvements offre sans doute un caractère tout spécial, mais à travers leurs transformations successives on ne trouvera rien qui blesse les lois de la mécanique moléculaire.

Est-ce à dire que nous ayons là tous les éléments de la vie? Quelle est la cause qui forme la première cellule, qui en tire le développement de l'être, qui règle et limite son évolution? Il est trop clair qu'au point de vue des faits, nous ne pouvons répondre à cette question. Nous n'avons donc que deux partis à prendre : ou suspendre notre jugement, ou admettre une cause spéciale dont le principe soit propre aux phénomènes vitaux.

De la nature même de cette cause nous n'avons pas à nous occuper ici, et, puisqu'elle se manifeste par des mouvements, son nom est tout trouvé dans la langue que nous parlons, nous devons l'appeler une force.

Que nous apprennent sur l'action de cette force les préliminaires que nous venons de poser? C'est là-dessus qu'il faut bien s'entendre. Elle détermine les mouvements, mais elle ne peut les produire qu'aux dépens de mouvements antérieurs ; de même qu'elle ne crée pas les matériaux des organismes, mais qu'elle les façonne seulement à l'aide d'éléments préexistants, de même elle ne crée pas les mouvements, et peut seulement les transformer. C'est ainsi que les phénomènes vitaux, sans perdre leur caractère spécial, rentrent entièrement dans la synthèse des mouvements matériels. Si la force vitale a une activité propre, cette activité consiste à transformer, non à créer. Elle nous fournit donc une confirmation nouvelle de la grande loi dont nous cherchons le développement dans l'ensemble de l'univers.

Tel est le point de vue auquel nous serons sans cesse ramenés quand nous considérerons les phénomènes de la vie.

II

Comment les lois de la thermo-dynamique
se vérifient dans les êtres animés.

La respiration des animaux, la circulation du sang, la nutrition, concourent à une production de chaleur. C'est le fait qui résume toutes ces fonctions. Or, l'observation directe a pu le suivre dans ses conditions essentielles, et montrer qu'il se produit suivant les données de la thermo-dynamique.

Voyons d'abord l'état de repos, considérons un homme qui ne développe aucun travail extérieur.

La chaleur animale provient des oxydations lentes qui ont lieu dans l'organisme. On peut ajouter qu'elle est due presque entièrement aux combinaisons de l'oxygène avec l'hydrogène et le carbone. Il est donc facile, en comparant les gaz qui entrent dans les poumons et ceux qui en sortent, de calculer le nombre de calories qu'un homme produit dans une heure. On trouve ainsi une moyenne de 120 calories, qui peut varier, suivant les sujets, d'un tiers environ de sa valeur totale.

Que deviennent les calories ainsi produites? Il faut que l'homme les perde à mesure qu'il les développe, puisque la température de son corps demeure constante (1). Il les envoie, en effet, au dehors sous plusieurs formes, évaporation pulmonaire et cutanée, échauffement de l'air expiré, rayonnement; contact des objets extérieurs. Si l'on mesuré directement la chaleur que l'homme émet par ces divers moyens, on la trouve égale à celle qu'il produit, et l'observation confirme ainsi les prévisions de la théorie.

Notons que, dans le décompte à établir entre l'homme et le milieu ambiant, nous n'avons pas à faire figurer les travaux qui s'accomplissent dans l'intérieur

(1) Cette température est, comme on sait, de 37 degrés environ. Les climats n'exercent à cet égard aucune influence ; entre les habitants des pays les plus chauds et ceux des régions les plus froides, on trouve à peine une différence d'un degré. Le régime alimentaire n'a lui-même aucune action sur la température humaine. Aux Indes, elle est également de 37°,1 pour les ouvriers indigènes, qui ne mangent que du riz et des poissons, pour les prêtres de Bouddha, qui vivent de végétaux, et pour les soldats, nourris surtout de viandes. Une variation de 4 ou 5 degrés dans la température moyenne du corps humain constitue un état pathologique qui amène rapidement la mort.

du corps. Le cœur, par exemple, fonctionne constamment à la manière d'une pompe aspirante et foulante ; il agit sans cesse avec une force qui peut être évaluée à la soixante-quinzième partie d'un cheval-vapeur, et son action représente ainsi l'effet de 9 calories par heure. Bien d'autres mouvements intérieurs ont lieu, dont la puissance mécanique pourrait être évaluée de la même façon avec plus ou moins d'exactitude ; mais, le cycle de ces phénomènes s'accomplissant tout entier dans le corps, il y a une équivalence intérieure entre les quantités de chaleur et de travail qu'ils représentent, et elles ne figurent point dans l'échange qui a lieu entre l'homme et le milieu ambiant.

Voilà pour l'état de repos. Considérons maintenant l'homme qui fait des mouvements et qui produit un travail externe.

Les belles recherches de M. Hirn ont montré que, dans le corps humain, la chaleur se transforme en travail et le travail en chaleur, suivant le rapport numérique que nous avons déjà si souvent mis en évidence ; une calorie s'y convertit en 425 kilogrammètres, et réciproquement.

M. Hirn a pris, pour objet de ses études, le travail qu'un homme produit en élevant son propre corps. Quand nous gravissons une rampe ou que nous la descendons, notre force musculaire et la pesanteur sont mises en antagonisme. Dans la pratique, cet antagonisme est compliqué par des réactions horizontales

dues aux frottements qui déterminent la marche.
M. Hirn, par un ingénieux mécanisme, a pu éliminer
ces causes de complication, de manière à ne considérer
que des forces verticales. Imaginons qu'un homme se
meuve sur les échelons d'une roue mobile ; si l'on agit
convenablement sur la roue, l'homme, sans avoir à
changer réellement de place, réalisera des conditions
artificielles de montée, de descente, de marche plane,
où des actions verticales seront seules en jeu. C'est
dans ces données qu'ont été faits les essais de M. Hirn.
Le sujet de ses expériences produisait un travail externe
quand il déplaçait le centre de gravité de son corps
pour atteindre un échelon supérieur ; s'il descendait,
au contraire, son poids agissait comme s'il eût reçu du
travail externe, et son corps bénéficiait, en quelque
sorte, d'une certaine quantité de force motrice ; s'il
marchait sans monter ni descendre, son centre de
gravité s'élevait et s'abaissait alternativement de quantités égales ; il y avait production et consommation
équivalentes de travail externe.

La théorie indiquait nettement les effets calorifiques
qui devaient se manifester dans ces diverses circonstances, et ils se sont produits de manière à justifier
pleinement les inductions de l'expérimentateur. M. Hirn
avait d'abord établi, par des mesures directes, qu'à l'état
de repos chaque gramme d'oxygène absorbé dégageait
invariablement 5 calories ; observant ensuite l'état de
mouvement, il vit que cette proportion variait. Si un
homme pesant 75 kilogrammes élevait son poids de

425 mètres, chaque gramme d'oxygène dégageait moins de chaleur, et 75 calories, représentation exacte du travail produit, se trouvaient ainsi dissimulées. Si le même homme descendait de 425 mètres, chaque gramme d'oxygène dégageait plus de 5 calories, et la descente laissait ainsi, dans l'organisme, 75 unités de chaleur qui ne pouvaient être attribuées à l'action respiratoire. La respiration continuait d'ailleurs à donner 5 calories par gramme d'oxygène dans le cas de la marche plane.

Ces résultats saisissants ont été mis en évidence par une série d'essais répétés.

Au premier abord, on peut s'étonner que la marche plane n'amène, au point de vue du travail, aucune dépense, et que la descente constitue, à cet égard, une sorte de bénéfice, alors que toutes d'eux, — même dans les conditions où se place M. Hirn, — demandent certains efforts et produisent une certaine fatigue. Il y a plus, le cas même de la montée peut donner lieu à une objection spécieuse. Comment se fait-il, pourra-t-on dire, que l'ascension consomme de la chaleur alors que manifestement le corps s'échauffe en produisant ce travail? Il importe de faire disparaître des contradictions apparentes qui seraient de nature à laisser dans les esprits une vague défiance contre la théorie qui vient d'être développée.

Oui, le travail correspondant à l'ascension consomme de la chaleur, mais en même temps il précipite l'action respiratoire et la circulation. Le volume d'air inspiré s'accroît, et la puissance absorbante des poumons s'élève elle-même dans une proportion souvent considérable. La quantité d'oxygène absorbé, par conséquent la chaleur produite, augmente jusqu'à se quintupler. M. Hirn a constaté ces faits en se plaçant lui-même dans l'appareil qui lui servait à faire ses expériences : pour une ascension de 450 mètres à l'heure, le nombre des battements du cœur s'élevait de 80 à 140 ; le nombre d'aspirations par minute passait de 18 à 30 ; le volume d'air aspiré dans une heure s'élevait de 700 litres à 2300. Par suite de cette activité croissante dans la respiration et la circulation, l'expérimentateur consommait, non plus 30 grammes comme à l'état de repos, mais bien 132 grammes d'oxygène par heure. Ainsi, malgré la consommation produite par le travail, un excès de chaleur se développe dans le corps, et l'individu s'échauffe.

Des considérations de même ordre feraient disparaître la difficulté que nous signalions au sujet de la marche plane et de la descente. Pour ne parler que du premier cas, chaque pas se divise en deux périodes : dans l'une, le poids du corps s'élève, et dans l'autre il s'abaisse ; la première période consomme de la chaleur, et la seconde en restitue une quantité égale. A ce point de vue, l'équilibre calorifique n'est pas troublé ; mais l'organisme, répondant à l'appel des muscles alternativement contractés et allongés, développe un excédant de chaleur. Cet excédant peut suffire à un travail intérieur des muscles, d'où la fatigue peut naître, mais qui, suivant un exemple déjà rencontré précédemment (1), n'a point à figurer dans le décompte établi entre l'homme et le milieu ambiant.

La théorie mécanique de la chaleur se vérifie donc dans le moteur humain comme dans tous les autres. L'homme qui, dans les expériences de M. Hirn, a donné les meilleurs résultats dynamiques, rendait en travail 12 pour 100 de la chaleur produite ; c'est à peu près le rendement de nos machines les plus parfaites.

Si l'on poursuit ce parallèle en comparant le poids du moteur à la force qu'il développe, on trouve encore une sorte d'égalité entre l'homme et nos machines ; mais la nature vivante nous offre, à cet égard, une classe d'êtres tout à fait privilégiés : ce sont les oiseaux.

Ces moteurs admirables développent la force d'un cheval-vapeur sous un poids de 5 ou 6 kilogrammes. Leur structure physiologique leur donne, avec une légèreté relative, les moyens de suffire à l'énorme travail qu'ils doivent produire pour se soutenir dans l'atmosphère. L'oiseau est un foyer de combustion d'une extrême activité ; tout son corps n'est, pour ainsi dire, qu'un poumon ; l'air, puissamment appelé par le jeu même des ailes, vient en abondance vivifier le sang que le cœur lance avec une vigueur prodigieuse à travers les organes. Le torrent de la circulation fournit ainsi

(1) Voyez pages 197 et 198.

aux muscles d'énormes provisions de chaleur qu'ils peuvent convertir en travail. Aussi, tandis que la température de l'homme reste fixée à 37 degrés environ, celle de l'oiseau atteint 43 et 44 degrés. Elle dépasse par conséquent les limites au delà desquelles nos organes deviennent impropres à la vie. On a pu constater que l'oiseau consomme, à l'état de repos, une grande quantité d'oxygène; on serait sans doute effrayé si l'on pouvait connaître ce qu'il en absorbe dans un vol rapide. Ajoutons que, pour suffire à cette active combustion, l'oiseau doit pouvoir réparer promptement les pertes qu'il subit. Ses organes de nutrition répondent à cette nécessité. Son gésier, dur comme de la corne, broie sans difficulté les aliments les plus résistants : un foie volumineux verse des torrents de bile sur les matières qui sortent du gésier, et la digestion s'opère avec une surprenante rapidité. Aussi l'oiseau ne peut-il pas jeûner. On dit quelquefois d'une personne qui prend peu de nourriture, qu'elle mange comme un oiseau. C'est là une locution qu'il est prudent de n'accepter que sous bénéfice d'inventaire, et qu'il faudrait sans doute rayer de nos papiers. Les espèces qui se nourrissent de proies vivantes en font un très-grand carnage; celles qui vivent de fruits ou de grains, mangent peut-être peu à la fois, mais c'est à la condition de trouver toujours table ouverte.

III

La contraction musculaire et l'innervation.

Nous venons de constater chez l'homme, et incidemment chez l'oiseau, la conversion de la chaleur en travail. Il nous faut encore examiner d'un peu plus près les circonstances qui accompagnent ce phénomène.

Les muscles se gonflent en se raccourcissant pour déterminer les mouvements des os auxquels ils sont reliés.

Lorsque, dans les expériences physiologiques, on fait contracter un muscle (1) par une excitation fac-

(1) Les muscles sont formés de fibres éminemment contractiles et qui affectent deux formes principales : la fibre *lisse* appartient aux muscles qui servent à la vie organique, à cette vie sourde et comme inconsciente qui anime les diverses parties du corps ; la fibre *striée* appartient aux muscles de la vie de relation, à ceux qui produisent

tice, en le pinçant, par exemple, ou en lui communiquant une secousse électrique, on obtient des soubresauts, des convulsions violentes, qui ne ressemblent pas aux mouvements gradués que provoque la volonté; mais, si l'on produit une série continue d'excitations, on voit le muscle se contracter d'une façon durable. Helmholtz, en employant le courant intermittent d'une bobine d'induction, a montré qu'il faut au moins trente-deux excitations par seconde pour obtenir la contraction continue : le muscle ainsi contracté produit un son perceptible, quoique très-grave, et Helmholtz a pu constater que la hauteur de ce son correspondait au nombre d'interruptions produites dans la bobine inductrice.

Un fait caractéristique accompagne d'ailleurs la contraction musculaire, et peut en être regardé comme la cause directe : c'est une forte absorption d'oxygène. M. Matteucci l'a prouvé en comparant, par un dosage à l'eau de chaux, les quantités d'acide carbonique que donnent des muscles contractés et des muscles en repos. L'oxydation des muscles s'observe aussi directement dans l'économie animale; on sait que le sang

les mouvements volontaires. Certains muscles, le cœur par exemple, offrent une composition mixte. Une différence apparaît dans la motilité de ces deux espèces de fibres: le muscle strié, quand on l'excite, se contracte brusquement et se relâche aussitôt; le muscle lisse agit plus lentement et d'une façon plus prolongée. La physiologie a surtout étudié les muscles striés ; ce sont ceux qui présentent pour nous en ce moment la plus grande importance, puisqu'ils sont les organes des mouvements volontaires.

veineux, lorsqu'il sort de muscles longtemps contractés, est complétement dépouillé d'oxygène et contient
un grand excès d'acide carbonique.

Ainsi, nul doute à cet égard : ce qui spécifie la contraction, c'est un accroissement d'énergie dans l'oxydation des tissus musculaires, une décomposition plus
vive des matières hydrocarbonées par les éléments du
sang artériel. Que l'action chimique ainsi accrue dans
l'étendue du muscle en change la forme, qu'elle le
raccourcisse en l'élargissant, il n'y a rien là qui puisse
nous étonner : nous voyons bien une corde se gonfler
et se tendre quand on la mouille, et produire ainsi une
traction considérable. Que la chaleur développée dans
le tissu musculaire se convertisse partiellement en travail, c'est ce que nous regardons aussi comme un phénomène usuel et vulgaire. M. Béclard a fait d'ailleurs
sur ce dernier point une série d'expériences ingénieuses. Il a étudié sous le rapport calorifique une
même contraction musculaire, dans le cas où elle ne
produit pas de travail externe et dans le cas où elle en
produit ; il a vu ainsi, dans une longue série d'essais,
que la chaleur due à l'action chimique était diminuée
de toute celle qui se transformait en travail.

Mais n'en restons pas là, efforçons-nous de remonter
à l'origine de l'action musculaire.

Les nerfs interviennent pour susciter l'action des
muscles.

Le système nerveux, si nous le considérons dans ses

rapports avec le mouvement, peut être représenté de
la façon suivante. Un organe extérieur reçoit les sensations; un filament tubulaire très-mince les porte à
une cellule nerveuse qui les perçoit; une autre cellule,
propre à commander les mouvements, communique
à l'aide d'un nouveau filament avec l'appareil contrac-
tile qui doit les exécuter; enfin, entre la cellule sensible et la cellule motrice un tube nerveux sert de trait
d'union. Telle est, réduite à sa plus simple expression,
l'idée générale de la communication nerveuse. L'acte
qui se propage d'une extrémité à l'autre du système
s'appelle un *acte réflexe*. Les filaments élémentaires,
très-minces, très-déliés, puisqu'un grand nombre
d'entre eux n'ont guère qu'un centième de millimètre,
sont réunis et mêlés de façon à former de petites
cordes; les cellules sont aussi groupées dans des lieux
particuliers qui portent le nom de centres nerveux.
Chez les vertébrés, chez l'homme, que nous avons particulièrement en vue, la plus grande partie des centres
nerveux est réunie dans cette longue tige qui constitue
la moelle épinière. Il en reste pourtant un certain
nombre qui sont disséminés dans le corps; on les appelle ganglions nerveux, et leur ensemble est connu
sous le nom de système du grand sympathique. Une
sorte de hiérarchie s'établit ainsi dans les actes réflexes; les uns n'intéressent que les ganglions, tandis
que les autres remontent jusqu'à la moelle épinière.
Au-dessus de celle-ci s'élève encore un système supérieur. A la naissance de l'encéphale se trouvent les

centres globulaires, qui commandent aux mouvements respiratoires et aux contractions du cœur; vient ensuite le cervelet, qui coordonne les mouvements volontaires, puis les lobes du cerveau où résident la volonté et l'intelligence. Les ganglions d'abord, la moelle ensuite, font successivement une sorte de triage parmi les actes réflexes; et n'en laissent arriver qu'un certain nombre aux régions supérieures du système, où paraît se concentrer la direction consciente de l'être. Ainsi on peut ramener à quelques lignes générales l'infinie complication de ce réseau si délié qui se ramifie dans toute l'étendue du corps.

Comment s'y propage l'action nerveuse?

Il y a quelques années, les travaux publiés par M. du Bois-Reymond et plusieurs physiologistes allemands semblaient avoir résolu ce problème. On acceptait avec une sorte d'ardeur une solution qui se présentait sous les dehors les plus séduisants. L'innervation était un courant électrique : un courant parcourait le nerf sensitif pour aboutir à la cellule sensible; un courant partait de la cellule motrice pour aboutir à l'organe du mouvement; quelles que fussent les réactions opérées dans les cellules, elles prenaient dès lors une analogie manifeste avec ce qui se passe dans les piles ou les autres appareils électro-moteurs.

On s'est refroidi sur cette explication : admise au début sans preuves suffisantes, elle fut ensuite rejetée par beaucoup de physiologistes sans motifs bien valables. On ne trouve point dans le corps humain les conditions simples où se présentent nos appareils électriques. Il est clair qu'un nerf né peut être assimilé complétement à un arc conducteur et isolé, puisqu'il est lui-même, comme tout ce qui l'entoure, le siége de réactions incessantes. On s'est rebuté un peu vite à cause de la confusion des résultats donnés par les expériences. On apporte, pour infirmer l'existence de courants nerveux, des raisons qui ne paraissent pas d'un grand poids : les courants électriques, dit-on, se propagent lentement dans les nerfs, ils n'ont qu'une vitesse de 24, de 18 mètres même par seconde; ils vont moins vite dans les nerfs que dans les muscles. On allègue encore qu'un nerf coupé, si étroitement qu'on en rapproche les segments, devient impropre à la communication. Ce sont là des détails qui n'ont rien de décisif. Quoi qu'on puisse dire, on se trouve toujours en face de faits considérables et de haute signification. En faisant agir sur un nerf des courants électriques, — de véritables courants produits par nos machines, — on obtient la contraction des muscles, non-seulement la contraction instantanée, mais la contraction continue. Qu'on prenne un arrière-train de grenouille, les deux cuisses rattachées aux nerfs lombaires et ceux-ci à un fragment de la moelle, et qu'on fasse passer un courant dans l'un des nerfs, on obtiendra non-seulement l'excitation directe du membre correspondant, mais aussi le mouvement réflexe de l'autre cuisse.

Il nous semble que ces résultats bien connus et accessibles à l'expérience vulgaire fournissent de sérieux éléments de conviction. Si maintenant on vient à prouver que le flux qui arrive aux muscles ne peut pas être confondu avec le courant électrique, qu'il faut le regarder comme étant de nature spéciale et l'étudier sous un nom distinct, il n'y aura rien dans cette circonstance qui puisse infirmer les résultats que nous exposons. A l'abri de cette déclaration, nous continuerons à parler de l'action nerveuse comme d'un flux électrique. On pourra, si l'on veut, ne voir dans ce langage qu'une représentation figurée des phénomènes; elle sera suffisamment exacte pour justifier les conséquences que nous voulons mettre en lumière.

Ainsi le nerf excite le muscle. Est-ce à dire que le nerf ait lui-même toute la force vive qui va se développer dans le muscle? Eh non! puisque le muscle prend directement cette force dans sa propre oxydation. Le nerf ne fait que susciter l'action chimique, il n'opère en quelque sorte que le déclanchement d'un mécanisme. C'est ainsi qu'une étincelle produit l'explosion d'un mélange gazeux; c'est ainsi qu'une allumette détermine la combustion d'un foyer; c'est ainsi qu'en ouvrant un robinet, on fait couler toute l'eau accumulée dans un réservoir.

On est donc conduit naturellement à penser que le travail du nerf est extrêmement petit, si on le compare à celui du muscle. M. Matteucci a mis ce fait en évidence par une expérience directe. Il suspendait un poids au muscle principal de la jambe d'une grenouille, et il envoyait un courant électrique dans le nerf attaché à ce muscle. La contraction musculaire soulevait le poids, et il était facile d'estimer l'effort en kilogrammètres. On pouvait de même évaluer, par un calcul simple, la combustion du zinc produite dans la pile pendant la durée très-courte de l'excitation. M. Matteucci trouvait ainsi que le travail fait par le muscle était au moins vingt-sept mille fois plus grand que le travail chimique ou calorifique de l'excitation nerveuse.

Remontons encore et rapprochons-nous de l'origine du mouvement. Si petit que soit le travail du nerf, comment s'accomplit-il ? Pour déterminer dans le nerf la naissance d'un courant, il suffit qu'un circuit se ferme quelque part, à l'intérieur ou à la périphérie de la cellule nerveuse, et cette action elle-même n'est qu'une très-petite partie de l'action que le courant peut produire. Sur la manière dont peut se fermer un pareil circuit, nous ne saurions rien préciser. Nous dirons, s'il s'agit d'un mouvement volontaire, que la volonté intervient.

Mais deux remarques sont à faire.

D'abord l'action mécanique ainsi réservée à la volonté se trouve, par les considérations qui précèdent, réduite graduellement à une si extrême petitesse, qu'elle semble s'effacer.

Ajoutons en second lieu que la volonté ne crée pas ce travail, si imperceptible qu'il soit. Elle ne peut

être conçue que comme un agent spécial de transformation dans les mouvements infiniment petits. L'acte
volontaire, — et à plus forte raison l'acte purement réflexe, — à quelque ténuité qu'il soit réduit, ne va pas
sans une modification subtile des tissus où il s'opère,
sans un je ne sais quoi qui est une transformation
délicate de mouvements moléculaires.

En remontant de l'action musculaire à l'action nerveuse proprement dite et au jeu de la volonté, nous
avons atteint la limite où les phénomènes physiques
font place aux phénomènes moraux, et nous n'avons
point à la franchir.

Dans les termes où nous sommes resté, on a pu voir
comment se vérifient chez les êtres vivants les principes auxquels nous avons été conduit par l'étude du
monde inorganique. Notre conception de l'univers
physique eût été trop incomplète, s'il nous avait fallu
en retrancher tout ce qui touche à la vie.

Nous pouvons maintenant, sans laisser derrière nous
une si formidable lacune, reprendre la synthèse que
nous avons entreprise, et tenter de lui donner sa dernière formule.

CONCLUSION

Cuvier disait dans son *Histoire du progrès des sciences naturelles :* « Une fois sortis des phénomènes du choc, nous n'avons plus d'idée nette des rapports de cause et d'effet. Tout se réduit à recueillir des faits particuliers et à rechercher des propositions générales qui en embrassent le plus grand nombre possible. C'est en cela que consistent toutes les théories physiques, et, à quelque généralité qu'on ait conduit chacune d'elles, il s'en faut encore beaucoup qu'elles aient été ramenées aux lois du choc, qui seules pourraient les changer en véritables explications. »

On ne peut pas dire que les physiciens aient rempli déjà le programme tracé par ces paroles. Et pourtant si l'on jette un regard en arrière sur le chemin que nous venons de parcourir, si l'on embrasse dans une vue d'ensemble tous les faits que nous avons cités, on se sentira de plus en plus affermi dans cette pensée,

que tous les phénomènes physiques consistent dans l'é-
change et la transformation de mouvements matériels.

Dira-t-on que notre examen n'a pas toujours été
assez sévère, que nous avons affirmé quelquefois
quand il fallait exprimer un doute, que nous n'avons
pas toujours accentué suffisamment les réserves auxquelles nous étions conduit? Nous ne nous défendrons
pas contre ce reproche, sentant trop bien que nous
l'avons mérité. Il eût mieux valu peut-être laisser plus
de points dans l'ombre et nous borner aux faits certains. Qu'on nous pardonne quelques indications trop
conjecturales! Les résultats acquis sont considérables,
et quelques suppositions téméraires ne peuvent pas les
compromettre.

Ces résultats acquis, nous pourrions au besoin les
couvrir de l'autorité d'un éminent physicien. M. de
Sénarmont, dans la dernière année du cours qu'il pro-
fessait avec tant d'éclat à l'École polytechnique, et
que la mort est venue si tôt interrompre, résumait
ainsi sa pensée sur le progrès des sciences physiques :
« Récemment encore chaque groupe de faits recon-
naissait un principe spécial : le mouvement et le repos
résultaient de forces assez mal définies spécifique-
ment, mais qu'on était convenu d'appeler mécaniques;
les phénomènes de chaleur, d'électricité, de lumière,
assez mal définis eux-mêmes, étaient produits par
autant d'agents propres, de fluides doués d'actions
spéciales. Un examen plus approfondi a permis de re-
connaître que cette conception de différents agents

spécifiques et hétérogènes n'a au fond qu'une seule et unique raison, c'est que la perception de ces divers ordres de phénomènes s'opère en général par des organes différents, et qu'en s'adressant plus particulièrement à chacun de nos sens, ils excitent nécessairement des sensations spéciales. L'hétérogénéité apparente serait moins alors dans la nature même de l'agent physique que dans les fonctions de l'instrument physiologique qui forme les sensations ; de sorte qu'en transportant par une fausse attribution les dissemblances de l'effet à la cause, on aurait en réalité classé les phénomènes médiateurs par lesquels nous avons conscience des modifications de la matière plutôt que l'essence même de ces modifications... Tous les phénomènes physiques, quelle que soit leur nature, semblent n'être au fond que des manifestations d'un seul et même agent primordial... On ne saurait plus méconnaître cette conclusion générale de toutes les découvertes modernes, quoiqu'il soit impossible encore d'en formuler nettement les lois et les particularités conditionnelles. »

Ainsi parlait M. de Sénarmont dans un enseignement classique où ne devait trouver place aucune doctrine hasardée.

Nous ne sommes point tenu à la même réserve. Aussi avons-nous formulé plus explicitement le système qui semble résumer les travaux et exprimer le sentiment général de la physique contemporaine. L'éther agité remplit l'espace. Les atomes éthérés forment par leur agrégation des molécules, celles-ci des corps. Entre ces atomes, ces molécules, ces corps, ont lieu les échanges de mouvement qui constituent pour nous la chaleur, la lumière, l'électricité, la gravité, l'affinité chimique. Ces échanges dépendent des masses et des vitesses qui sont en jeu. La conception de l'univers physique est tout entière dans ces données. Jusqu'ici nous ne savons atteindre qu'un très-petit nombre des faits que cette formule renferme, parce que nous ne connaissons, la plupart du temps, ni les valeurs absolues, ni les valeurs relatives des masses et des vitesses qui règlent la communication des mouvements. Au point de vue pratique, nous nous contentons de dire que la chaleur, la lumière, l'électricité, la gravité, l'affinité, se transforment les unes dans les autres suivant des rapports déterminés d'équivalence, et nous leur assignons une commune mesure, celle du travail mécanique.

Restés ainsi en dehors des phénomènes, nous n'avons qu'une notion vague des circonstances qui accompagnent et déterminent les transformations. Il y a sans doute des mouvements que nous ne savons nommer d'aucun nom, et que nous ne sommes pas aptes à percevoir, bien qu'ils jouent leur rôle dans la nature.

Dans le nombre varié des mouvements qui nous paraissent possibles, pourquoi les uns se produisent-ils et non pas les autres?

Y a-t-il parmi les mouvements une sorte de sélection naturelle?

Nous aurions la clef des transformations qui s'opèrent sous nos yeux, si nous pouvions atteindre cette mesure des masses et des vitesses qui nous échappe jusqu'ici. Dans une machine à vapeur, par exemple, l'agitation qui règne au sein du foyer se communique aux tubes de la chaudière, de ceux-ci à l'eau elle-même; les molécules de l'eau vaporisée perdent chacune un peu de leur force vive sur le piston, que ces efforts accumulés font mouvoir, et qui entraîne l'arbre de la machine; mais nous n'apercevons cette série de mutations qu'à travers un voile. Quand un mouvement d'une certaine espèce est remplacé par un autre d'espèce différente, la raison de ce changement nous échappe d'ordinaire, et c'est à cause de cette ignorance que nous avons recours à la notion de force; nous disons qu'une force se manifeste et produit tel effet, parce que nous ne pouvons pas saisir les mouvements antérieurs d'où cet effet résulte.

La notion de force physique devrait donc disparaître, si les éléments de la mécanique moléculaire étaient connus. Dans l'état actuel de nos connaissances, il faut bien que nous la conservions; mais il faut aussi nous mettre en garde contre les erreurs qu'elle peut entraîner. Appelons force, si l'on veut, toute cause de mouvement; mais n'oublions pas que ce mot ne représente le plus souvent qu'une cause provisoire et conditionnelle. L'horreur du vide a été une force dans son temps, voire l'horreur du vide jusqu'à 32 pieds.

Si nous revenons avec insistance sur cette considération, c'est qu'elle nous paraît présenter une importance capitale, et que nous ne saurions consacrer trop d'efforts à la mettre en lumière. Elle est comme le nœud du système que nous avons développé. Et cependant parmi les physiciens mêmes qui sont entrés dans le courant des idées nouvelles, il existe une école qui persiste à donner aux forces physiques je ne sais quelle existence spéciale.

M. Hirn, dont le nom s'attache en France à la détermination de l'équivalent mécanique de la chaleur; M. Hirn, que nous citons quand nous voulons mettre un nom français à côté de ceux de MM. Joule et Mayer; M. Hirn n'hésite pas à regarder les forces physiques comme des éléments constitutifs de l'univers. Il en fait, sous le nom de *principes intermédiaires*, des essences à demi-transcendantes qui occupent tout l'espace, et qui ont la propriété de donner le mouvement à la matière. Il fait même le dénombrement de ces principes, et il en trouve quatre, la force gravifique, la force lumique, la force calorique et la force électrique.

Eh quoi ! la matière va donc çà et là sortir du repos, et de nouveaux mouvements vont naître au gré de ces forces ? Ce n'est pas précisément ce qu'entend M. Hirn; il sait trop bien qu'il serait en contradiction avec les faits. Voici la théorie qu'il imagine. Pour lui, chaque force est répandue partout : au moment même où l'intensité de l'une d'elles augmente de manière à produire un mouvement, l'intensité d'une autre force diminue

dans une proportion correspondante. Or, cette diminution d'intensité dans la seconde force correspond
elle-même à une diminution de mouvement dans la
matière. C'est, comme on voit, une sorte d'harmonie
préétablie. Sans doute il n'y a qu'à supprimer ces intermédiaires artificiels pour se trouver en face des mouvements eux-mêmes, et l'on revient ainsi facilement,
quand on le veut, du point de vue où se place M. Hirn
à celui où nous étions placés tout à l'heure. Pourquoi,
dès lors, entre deux mouvements qui s'engendrent
l'un l'autre, introduire deux essences demi-transcendantes? Pourquoi recourir à ces principes intermédiaires? Pourquoi cette mythologie, cet olympe de
forces?

Pourquoi? Il n'est pas bien difficile de le dire, et ce
ne sera pas non plus inutile.

Ces conceptions arbitraires sont inspirées à M. Hirn
par les inquiétudes d'un spiritualisme ombrageux.
M. Hirn entre en défiance quand il voit une doctrine
qui, chaque jour, explique par les mouvements de
la matière un nombre de plus en plus considérable
de faits ; il en redoute les envahissements ; il craint
qu'elle n'aille atteindre l'âme humaine, qu'elle ne ré-
duise à de purs mouvements les phénomènes de la volonté et de la pensée. C'est pour l'arrêter dans sa marche qu'il a recours aux forces gravifique, calorique,
luminique, électrique. Ces principes intermédiaires
sont des remparts qu'il élève pour défendre le principe
animique. Singuliers remparts en vérité et bien inca-

pables d'une pareille défense ! Faut-il répéter d'ailleurs que les problèmes de l'âme ne sont nullement en cause dans les théories contre lesquelles M. Hirn essaye de se prémunir? Au milieu des transformations matérielles, des causes actives par elles-mêmes peuvent intervenir, et nous en avons indiqué des exemples en marquant la nature et les limites de cette intervention. C'est assez pour laisser le champ libre à toutes les solutions de la métaphysique.

Après avoir montré comment notre hypothèse bannit les entités fallacieuses dont la physique peut être embarrassée, est-il besoin de la défendre elle-même contre les conséquences excessives qu'on en pourrait tirer? Est-il besoin d'indiquer le point de vue où l'on doit se placer pour en concevoir une idée tout à fait saine? Quand on admet une hypothèse scientifique, veut-on dire qu'on se croie en possession de la réalité des choses? Ce serait trop oublier tant de systèmes qui se sont écroulés les uns sur les autres ! Ce serait trop oublier que le physicien, perdu dans l'infini du temps et de l'espace, ne saisit que des rapports phénoménaux, et n'arrive pas même à concevoir l'absolu ! Qu'est-ce donc que grouper, dans une hypothèse, toutes nos idées sur la nature? C'est nous donner les moyens d'éclairer nos connaissances les unes par les autres, d'établir entre les faits des rapprochements féconds, et de faire ainsi jaillir des sources de découvertes.

Ce qui importe, à proprement parler, dans une semblable hypothèse, ce n'est pas le tableau qu'elle donne de la nature, c'est la méthode qu'elle trace au physicien.

A cet égard, le système que nous avons exposé se résume admirablement dans un principe unique. Il s'en dégage un *criterium* lumineux dont l'efficacité s'est déjà révélée dans les recherches scientifiques.

Ce précieux symbole a un nom dans le langage de la mécanique ; mais, avant de le prononcer, hâtons-nous de rappeler ce que nous avons dit sur la difficulté qu'on rencontre à exprimer des idées nouvelles avec des mots anciens. Par une cruelle ironie des choses, nous allons retrouver un terme dont nous eussions voulu nous affranchir en ce moment à cause des équivoques qu'il renferme. Jamais nous n'avons senti plus vivement le besoin d'employer une expression nouvelle, et si nous ne le faisons pas, c'est que notre déclaration à cet égard pourra sans doute nous tenir lieu d'un néologisme. Nous concevons, dans l'univers, une quantité immuable d'atomes matériels animés de vitesse et qui se groupent en systèmes pour former des molécules et des corps. Chacun de ces atomes et de ces systèmes, en raison de sa masse et de sa vitesse, possède ce que nous avons appelé jusqu'ici une *force vive*, ce que nous pourrons, — si nous voulons éviter ce terme ambigu, — appeler une *énergie*, sans gagner beaucoup au change. Voilà les expressions contre les-

quelles nous avons voulu nous prémunir par une déclaration préalable. Nous n'employons point un mot
nouveau ; mais nous en avons dit assez pour montrer
que, sous ces désignations usitées, on ne doit voir absolument que des masses en mouvement. Dire que
l'énergie se déplace, c'est dire simplement que les
masses agissent les unes sur les autres en modifiant
réciproquement leur vitesse.

L'énergie passe ainsi indéfiniment d'un système à
l'autre, donnant lieu, par là, à la variété des phénomènes naturels. Tantôt elle se manifeste par une série
de phases où l'on peut suivre ses effets successifs : on
dit alors qu'elle conserve la forme *active ;* tantôt elle
se dissimule, pour maintenir pendant un temps plus
ou moins long un équilibre dont la rupture la régéné-
rera : on dit alors qu'elle passe à l'état *virtuel.* L'énergie active et l'énergie virtuelle varient sans cesse dans
leur proportion relative, mais leur somme demeure
constante.

Tel est le principe que l'on désigne d'ordinaire sous
le nom de *conservation de l'énergie.*

Sans doute, pour vérifier dans son ensemble cette
constance de l'énergie, il faudrait pouvoir embrasser
l'univers entier. L'énergie peut croître à certaines époques, en certaines régions de l'espace, et décroître en
des régions différentes, bien que l'éther apparaisse
comme une sorte de régulateur de cette action universelle. Les échanges qui ont lieu sans cesse entre notre
globe terrestre et le milieu sidéral se traduisent-ils

pour nous par une perte, par un gain, par une oscillation périodique autour d'un état moyen ? Comment se comporte lui-même notre système solaire par rapport aux autres mondes ? Voilà les immenses problèmes où la notion de l'énergie universelle trouve son application.

Ce n'est pas à dire que le principe de la conservation de l'énergie ne puisse se vérifier dans la connexion immédiate des phénomènes usuels. Il établit un lien précis entre tous les faits qui nous entourent. Le physicien sait que les mouvements peuvent passer des masses visibles aux masses invisibles, sans cesser d'obéir à une loi dont il connaît la teneur. S'il n'est pas assez heureux pour enfermer toujours les faits dans des cycles complets où les effets et les causes s'enchaînent jusqu'à se rejoindre, du moins il n'est plus réduit à regarder les phénomènes comme des apparences isolées. Pour chacun d'eux, il sait comment remonter aux origines ou descendre aux conséquences. Il peut faillir dans l'application de sa méthode, il peut se représenter sous un faux jour telle ou telle famille de faits; mais le principe même en vertu duquel il cherche l'unité fondamentale sous la diversité infinie des apparences est pour lui la conquête la plus précieuse et la mieux assurée de la science contemporaine.

FIN.

TABLE DES MATIÈRES.

Paris.—Imprimerie de E. MARTINET, rue Mignon, 2.